작은곰

북극성

기린

용

카펠라

마차부

NGC884
이중성단
NGC869

세페우스

페르세우스

M52

M39 데네브
백조
NGC7000
북아메리카 성운

얼굴

M34

카시오페이아

안드로메다

도마뱀

M29

M45
플레이아데스 성단

삼각형

M31
안드로메다 은하

M33

페가수스
사각형

페가수스

M15

돌고래

양

조랑말

M74

물고기

천구

M2

황도

물병

고래

염소

M30

해와 달과 별이 뜨고 지는 원리

블랙홀 박사 박석재가 그림으로 설명하는 천체의 운동

해와 달과 별이 뜨고 지는 원리

| **글쓴이** 박석재 | **일러스트** 강선욱 | 1판 1쇄 발행일 2003년11월30일 /1판 5쇄 발행일 2014년 5월 20일
| **펴낸이** 주성우 | **펴낸곳** 도서출판 성우 | **출판등록** 1999년 9월 28일 제22-1629호
| **주소** 431-062 경기도 안양시 동안구 관양2동 224-5 대륭테크노타운 15차 1306호 | **전화** (031)389-8800 | **팩스** (031)389-8888
| **홈페이지** www.sungwoobook.com | **ISBN** 978-89-5885-178-3 03440

ⓒ 도서출판 성우 2003

· 책값은 뒤표지에 있습니다.
· 잘못된 책은 구입하신 곳에서 바꾸어 드립니다.
· 이 책에 실린 글과 사진, 그림의 무단 전재나 복제를 금합니다.

해와 달과 별이 뜨고 지는 원리

블랙홀 박사 박석재가 그림으로 설명하는 천체의 운동

박석재 지음

도서출판 성우

저 자 서 문

해와 달과 별이 뜨고 지는 원리는 과학이기 이전에 상식이다. 하지만 그 내용이 결코 쉽지 않아서 초·중·고 선생님들 모두 교육의 어려움을 실토하고 있는 실정이다.

모든 자연과학이 다 그렇듯이 해와 달과 별이 뜨고 지는 원리도 암기해서 해결되지 않는다. 시험 전날 외워서 시험을 보고, 다음날 바로 잊어버리는 식의 학습 방법은 절대로 통할 수도 없고 또 통해서도 안 된다. 그런 방법으로 공부하면 선생님이 칠판에 원을 많이 그렸다는 기억밖에 남지 않는다.

저자는 어린 시절부터 천구를 이해하기 위해서 많은 시간을 투자해 왔고 천문학자가 되고 나서도 수많은 선생님들에게 연수를 제공했다. 그리하여 독자적이고 체계적인 해와 달과 별이 뜨고 지는 원리를 구성하여 이렇게 책으로 내놓게 되었다.

이 책은 쉬운 내용으로 출발하여 점점 더 어려워지도록 구성되어 있으며 철저하게 독자의 이해를 요구하고 있다. 따라서 앞부분을 이해하지 못하면 뒷부분도 이해할 수 없게 구성되어 있고 암기할 내용은 거의 없다고 해도 과언이 아니다. 독자는 내용을 읽은 즉시 간단한 문제를 통해 자기가 얼마나 이해했는지 확인할 수 있고 익힘문제(exercise)를 통해 다시 한 번 내용을 반추할 기회를 갖게 될 것이다.

아무쪼록 이 책이 더 많은 학생, 일반, 아마추어 천문가들이 우주의 신비를 즐기는 데 기여한다면 저자로서는 더 바랄 나위가 없을 것이다. 끝으로 사명감을 가지고 과학책들을 꾸준히 발행하고 있는 도서출판 성우 여러분께 과학자의 한 사람으로서 감사의 말을 남긴다.

대덕 별동산에서, 박석재

| C O N T E N T S |

PART 1 **천구**
CELESTIAL SPHERE

chap 1. 천구와 관측자 _ 10

chap 2. 천구의 지평 좌표계 _ 12

chap 3. 천구와 지구 _ 14

chap 4. 북극상의 관측자와 천구 _ 18

chap 5. 적도상의 관측자와 천구 _ 20

chap 6. 북반구상의 관측자와 천구 _ 22

PART 2 **일주운동과 연주운동**
DIURNAL AND ANNUAL MOTION

chap 7. 천구의 일주운동 _ 28

chap 8. 북극상의 관측자와 천구의 일주운동 _ 30

chap 9. 적도상의 관측자와 천구의 일주운동 _ 32

chap 10. 북반구상의 관측자와 천구의 일주운동 I _ 34

chap 11. 북반구상의 관측자와 천구의 일주운동 II _ 36

chap 12. 천구의 연주운동 I _ 38

chap 13. 천구의 연주운동 II _ 40

chap 14. 천구의 연주운동 III _ 44

PART 3 해와 달의 운동
MOTION OF THE SUN AND MOON

chap 15. 황도 I _ 50

chap 16. 황도 II _ 52

chap 17. 천구의 적도 좌표계 _ 58

chap 18. 북극상의 관측자와 해의 시운동 _ 60

chap 19. 적도상의 관측자와 해의 시운동 _ 64

chap 20. 북반구상의 관측자와 해의 시운동 _ 70

chap 21. 달의 시운동 I _ 74

chap 22. 달의 시운동 II _ 80

PART 4 천체의 운동
MOTION OF CELESTIAL BODIES

chap 23. 일식 _ 90

chap 24. 월식 _ 92

chap 25. 달력 _ 94

chap 26. 행성의 시운동 I _ 96

chap 27. 행성의 시운동 II _ 100

chap 28. 행성의 시운동 III _ 106

chap 29. 별의 시운동 I _ 112

chap 30. 별의 시운동 II _ 114

chap 31. 은하수의 시운동 _ 122

부록 간단한 수식으로 이해하는 우주

1. 뉴턴의 운동 법칙 _ 134

2. 중력 _ 142

3. 천체 역학 _ 148

찾아보기 _ 158

C E L E S T I A

1
PART ONE

천구
L S P H E R E

천구란 바로 우리 눈에 둥글게 보이는 하늘을 말한다. 천구와 지구의 자전축을 연장한 선이 만나는 두 점을 천구의 극이라고 하고 지구의 적도면이 천구와 만나서 그려지는 대원을 천구의 적도라고 한다.

북극상의 관측자가 볼 때 천정은 천구의 북극과, 지평선은 천구의 적도와 일치한다.

적도상의 관측자가 볼 때 천구의 극은 북점, 남점이 되며 천구의 적도는 지평선과 수직으로 만난다.

북반구상의 관측자가 볼 때 천구의 북극 고도는 위도와 같다.

01 Chapter one
celestial sphere
천구와 관측자

천구란 바로 우리 눈에 둥글게 보이는 하늘을 말한다. 천구를 이해하려면 우선 몇 가지 천문학 용어를 반드시 익혀야 한다. 먼저 **지평선**과 **천정**에 관하여 알아보자. 천구가 땅과 만난 선을 우리는 지평선이라고 부른다. 물론 우리가 일상생활에서 말하는 '지평선'과 똑같은 것이다. 천구상에서 관측자의 바로 머리 위를 천정이라고 한다.

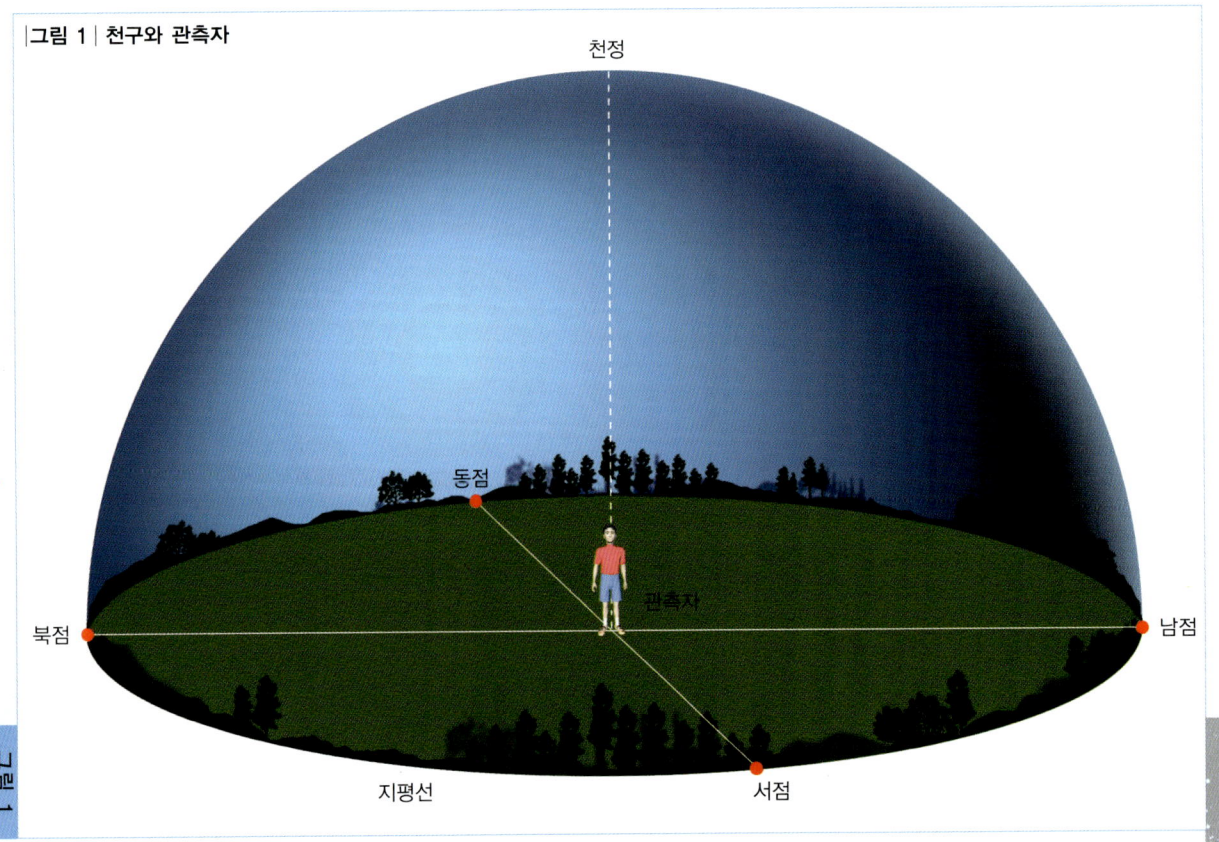

| 그림 1 | 천구와 관측자

동서남북은 항상 관측자가 볼 때 지평선상에서 오른쪽 방향으로 동 → 남 → 서 → 북 → 동 순서로 배열됨에 유의하자. 동점, 서점, 남점, 북점이란 각각 지평선과 동쪽 방향, 서쪽 방향, 남쪽 방향, 북쪽 방향이 일치하는 점으로 정의한다. 특히 지구의 북극이나 남극에 있는 관측자를 고려할 때는 방향에 유의해야 한다. 예를 들어 지구의 북극에 있는 관측자의 경우 북쪽은 물론 동서방향도 없다. 그 관측자는 어느 쪽으로 넘어져도 남쪽으로 넘어지게 된다.

QUESTION 1-1

(O× 문제) 관측자로부터 천구까지의 거리는 정의되지 않는다.

ANSWER 1-1 정답은 (O).

관측자로부터 천구까지의 거리는 무한대(∞)이다. 따라서 천구면에 있는 두 점 사이의 거리는 각도로만 정의된다.

EXERCISE 1-1

(O× 문제) 지구상 어느 점에서나 동서남북 방향이 정의된다.

( )

Chapter two
천구의 지평 좌표계

천구상 천체의 위치를 지정하려면 우리가 지구상 어느 한 지점을 나타낼 때 **위도**와 **경도**를 쓰듯이 **좌표계**를 쓰면 편리하다. 지평 좌표계는 **방위각**과 **고도**로 표기된다. 방위각이란 남점으로부터 서쪽으로 재어 간 천체의 각거리를 말한다.

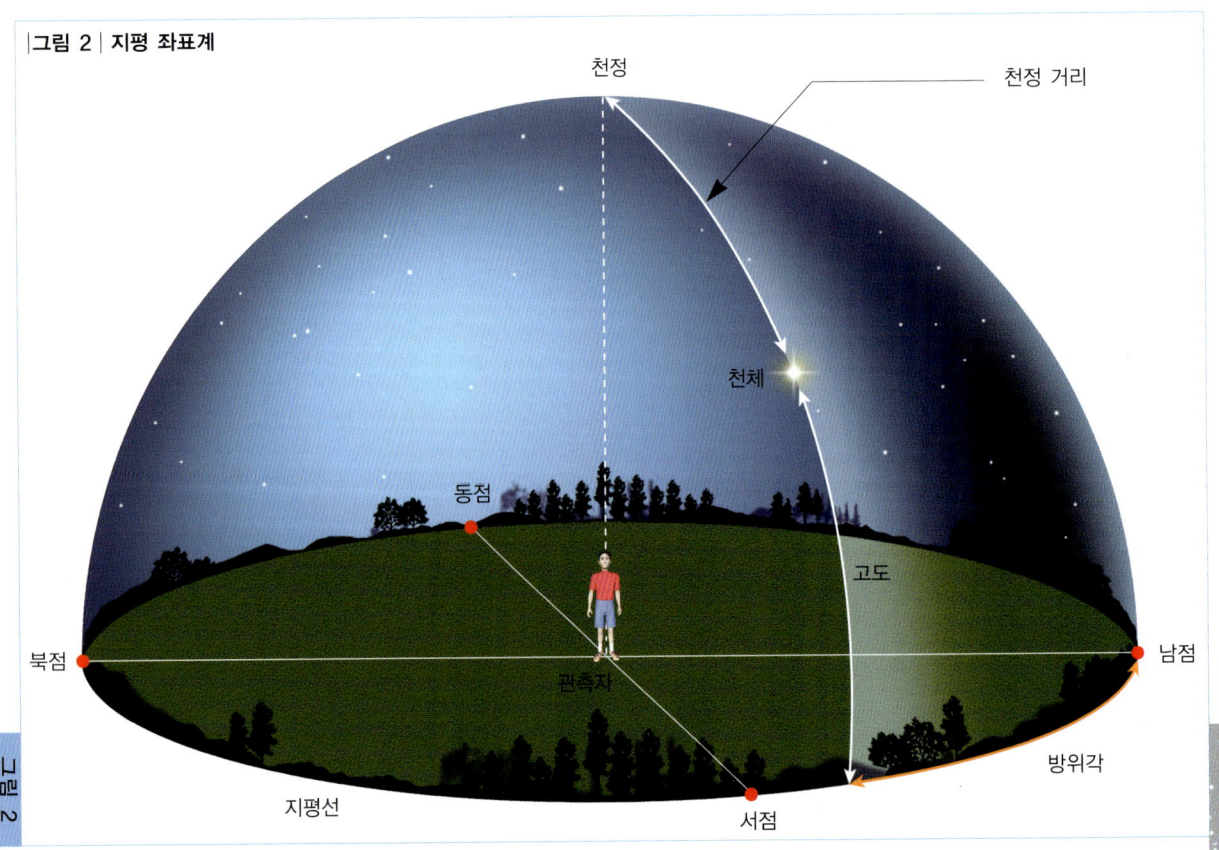

| 그림 2 | 지평 좌표계

방위각은 흔히 A로 표시되며 천체가 관측자의 어느 방향에 있는 지를 알려 준다. 고도란 지평선으로부터 천체까지의 각거리를 말한다. 고도는 h로 표시하며 천체가 지평선으로부터 얼마나 높이 떠 있는가를 알려 준다. 천체와 천정 사이의 각거리를 **천정 거리**라고 하는데, 이것은 물론 천체의 고도 h에 의하여 $90° - h$로 주어진다.

지평 좌표계를 사용하면 천체를 찾기에는 매우 편리하다. 왜냐하면 (A, h)짝은 '어느 방향으로 얼마나 높이' 보면 그 천체가 있는지 정보를 제공하여 주기 때문이다. 그러나 지평 좌표계는 특정 시간에만 유효하다는 결정적인 단점이 있다. 왜냐하면 모든 천체는 시간이 조금만 지나도 이미 그 자리에 더 이상 머무르고 있지 않기 때문이다. 따라서 지평 좌표계는 실제로 그렇게 많이 사용되지는 않는다.

QUESTION 2-1

(O× 문제) 지평 좌표계 (A, h)가 $(45°, 20°)$로 주어진 별 A는 $(90°, 10°)$로 주어진 별 B보다 더 높이 떠 있다.

ANSWER 2-1 정답은 (O).

별이 지평선으로부터 얼마나 높이 떠 있는가 하는 점에 대해서는 오로지 고도 h가 결정한다. 별 A의 고도는 $h = 20°$, 별 B의 고도는 $h = 10°$이므로 별 A가 별 B보다 더 높이 떠 있다.

EXERCISE 2-1

(O× 문제) 고도 h는 $90°$보다 클 수는 없다.

( )

Chapter three
celestial sphere
천구와 지구

천구를 이해하는 데 있어서 어려운 개념의 하나는 천구의 반지름이 무한대라는 사실이다. 우리는 우리 눈에 보이는 하늘이 구체적으로 몇 km, 몇 광년 떨어져 있다고 말할 수 없다. 이처럼 천구의 반지름은 크기가 무한대이므로 천구 안에 지구를 통째로 집어넣고 생각할 수도 있다.

천구면과 지구의 자전축을 연장한 선이 만나는 두 점을 천구의 **극**이라고 한다. 즉 천구는 **북극**과 **남극**, 두 개의 극을 갖게 된다. **북극성**은 천구의 북극 가까이 있는 별이다. 지구의 적도면이 연장되어 천구와 만나서 그려지는 대원을 천구의 **적도**라고 한다.

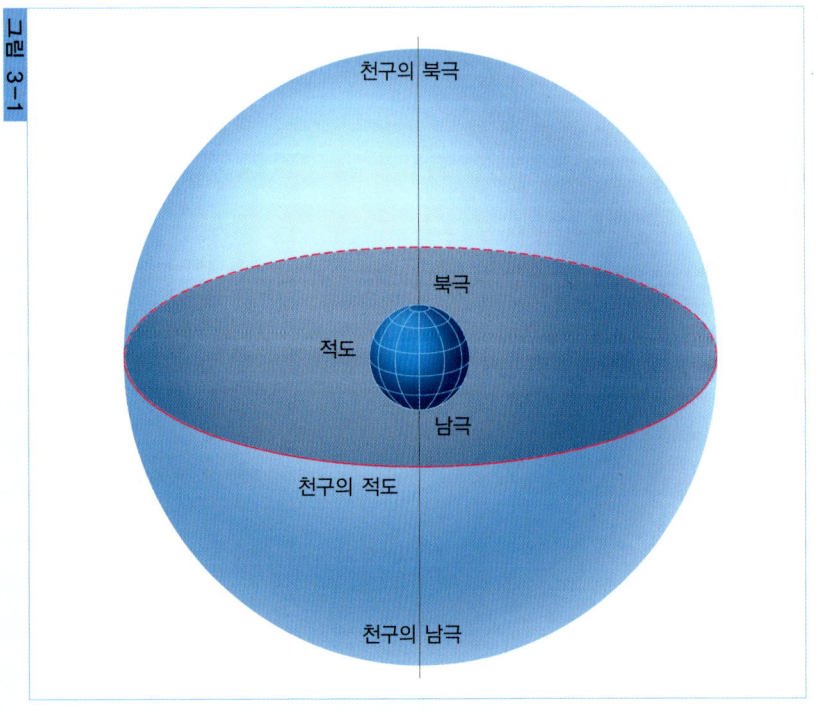

| 그림 3-1 | 천구와 지구

우리는 앞에서 천구가 관측자를 기준으로 정의될 수도 있고, 여기에서처럼 지구를 기준으로 정의될 수도 있다는 것을 알았다. 두 정의는 각각 이해하기 쉬우나 문제는 이 두 가지를 어떻게 합하느냐에 어려움이 있다는 것이다. 이를 위해서는 지구상 여러 곳에 위치하고 있는 관측자의 입장을 고려하여야 한다.

관측자의 위도는 흔히 그리스 문자 ϕ(파이)로 나타낸다. 적도는 $\phi=0°$로 정의되며 북반구는 $0°<\phi<90°$, 남반구는 $-90°<\phi<0°$ 값을 갖는다. 물론 북극은 $\phi=90°$, 남극은 $\phi=-90°$로 정의된다.

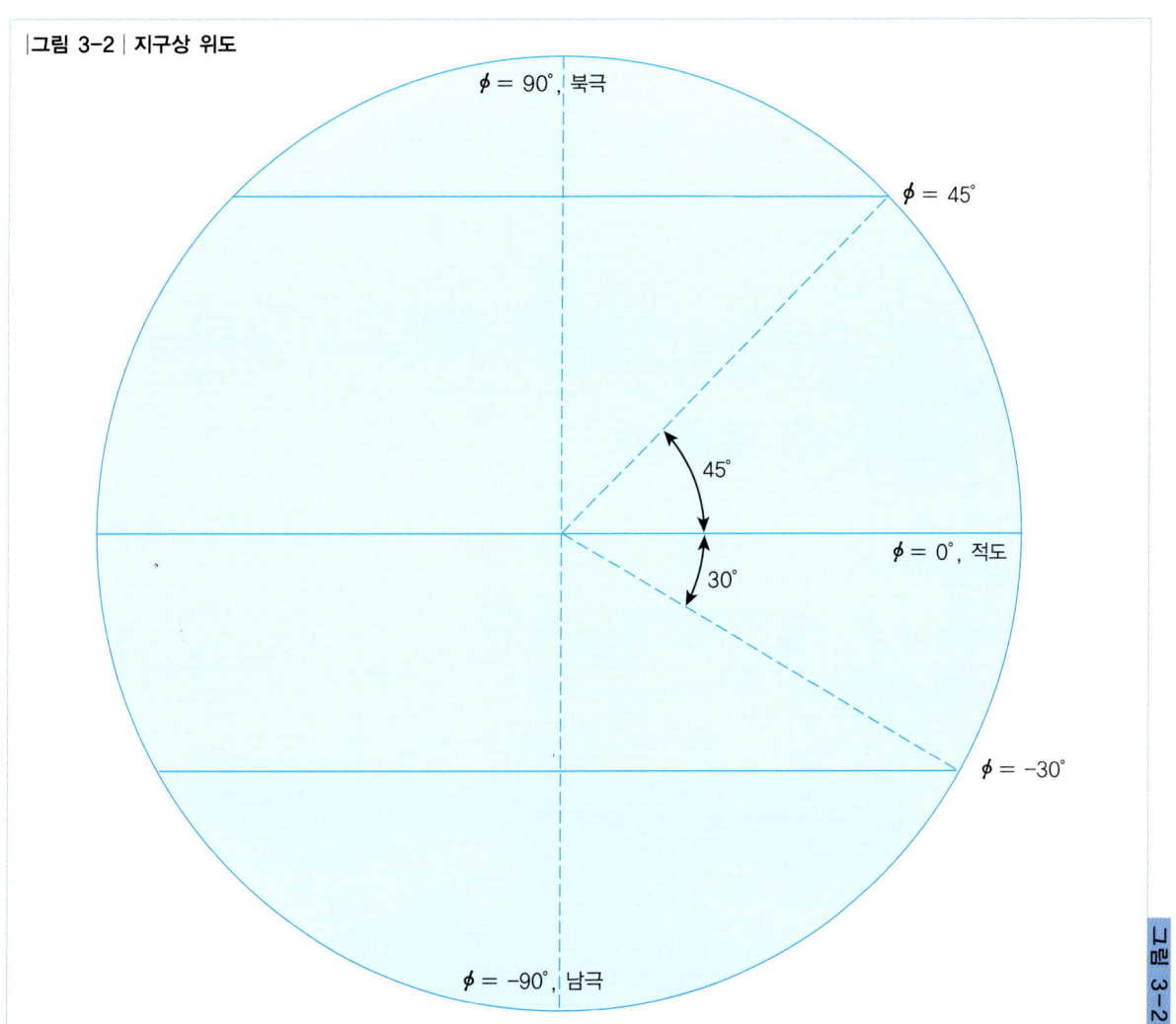

| 그림 3-2 | 지구상 위도

QUESTION 3-1

(O× 문제) 천구의 적도는 대원이다.

QUESTION 3-2

(O× 문제) 천구의 적도는 언제나 지평선이 된다.

ANSWER 3-1 정답은 (O).

지구의 적도면은 천구의 중심을 지나므로 천구의 적도는 대원이 된다.

ANSWER 3-2 정답은 (×).

관측자가 지구상 어디에 있는가에 따라 달라진다.

EXERCISE 3-1

(O× 문제) 천구의 북극과 남극을 연결하는 직선은 천구의 적도면과 직교한다.
( )

천구의 북극과 북극성

북극성은 천구의 북극으로부터 약 $\frac{3}{4}°$, 즉 약 $1°$ 정도 떨어져 있다. 따라서 보통의 경우에는 북극성이 천구의 북극에 있다고 말해도 틀리다고 할 수 없지만, 정밀함을 요구하는 경우에는 조심해야 한다. 북극성은 큰곰자리의 북두칠성과 카시오페이아자리 사이 중앙에 위치하고 있다. 북두칠성의 끝 두 별을 연장하면 북극성을 쉽게 찾을 수 있다. 이러한 의미에서 북두칠성 끝의 두 별을 극을 가리키는 별, 즉 **지극성**이라고 부른다.

04 북극상의 관측자와 천구

Chapter four celestial sphere

북극($\phi=90°$)상의 관측자가 볼 때 천정은 천구의 북극과, 지평선은 천구의 적도와 일치한다.

그림4에서 천구의 반지름이 무한대이기 때문에 지구의 크기를 무시해도 상관없다는 점에 유의하자. 즉 두 천구의 북반구는 같은 것이 된다.

QUESTION 4-1
(O× 문제) 북극상의 관측자가 볼 때 북극성은 천정 근처에 오게 된다.

QUESTION 4-2
(O× 문제) 남극상의 관측자가 볼 때 천구의 적도는 지평선과 직교한다.

ANSWER 4-1 정답은 (O).
북극상의 관측자가 볼 때 천정은 천구의 북극과 일치한다. 따라서 천구의 북극 근처에 있는 북극성은 천정 근처로 오게 된다.

ANSWER 4-2 정답은 (×).
남극상의 관측자에 대해서도 천구의 적도는 지평선과 일치하게 된다.

EXERCISE 4-1
(O× 문제) 남극상의 관측자가 볼 때 천구의 남극은 천정에 오게 된다.
(　　)

해와 달과 별이 뜨고 지는 원리

| 그림 4 | 북극상의 관측자와 천구

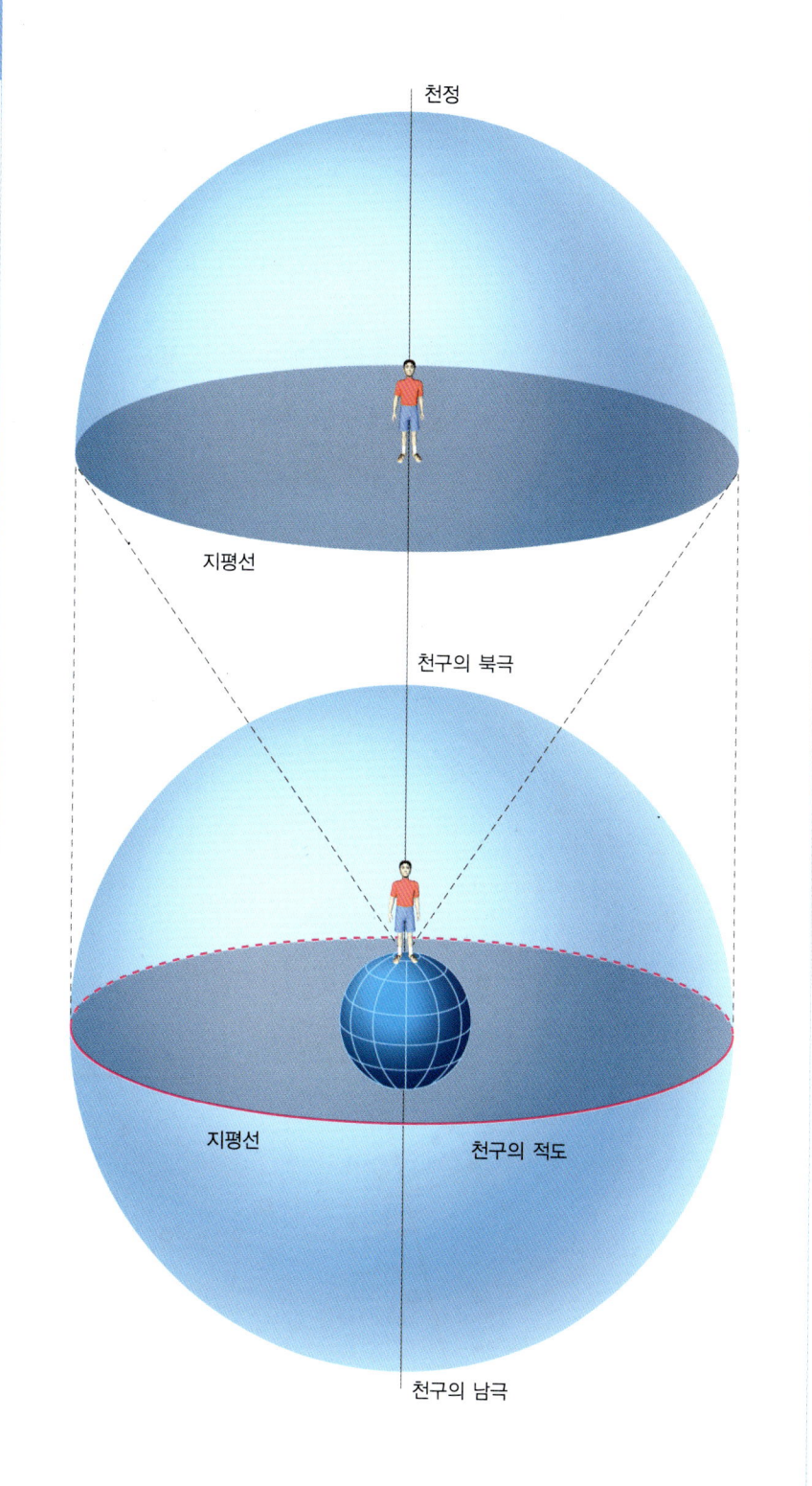

05 Chapter five
celestial sphere

적도상의 관측자와 천구

적도($\phi=0°$)상의 관측자가 볼 때 천구의 적도는 동점, 천정, 서점 등 세 점을 지나는 대원이 된다. 따라서 천구의 적도는 지평선과 수직으로 교차한다.

QUESTION 5-1

(O× 문제) 적도상의 관측자가 볼 때 북극성은 북점 근처에 오게 된다.

ANSWER 5-1 정답은 (O).

천구의 적도가 동점, 천정, 서점을 지나게 되므로 자연히 천구의 북극은 북점에 오게 된다. 따라서 북극성은 북점 근처에 오게 된다.

EXERCISE 5-1

(O× 문제) 적도상의 관측자가 볼 때 천구의 남극은 남점에 오게 된다.
( )

|그림 5| **적도상의 관측자와 천구**

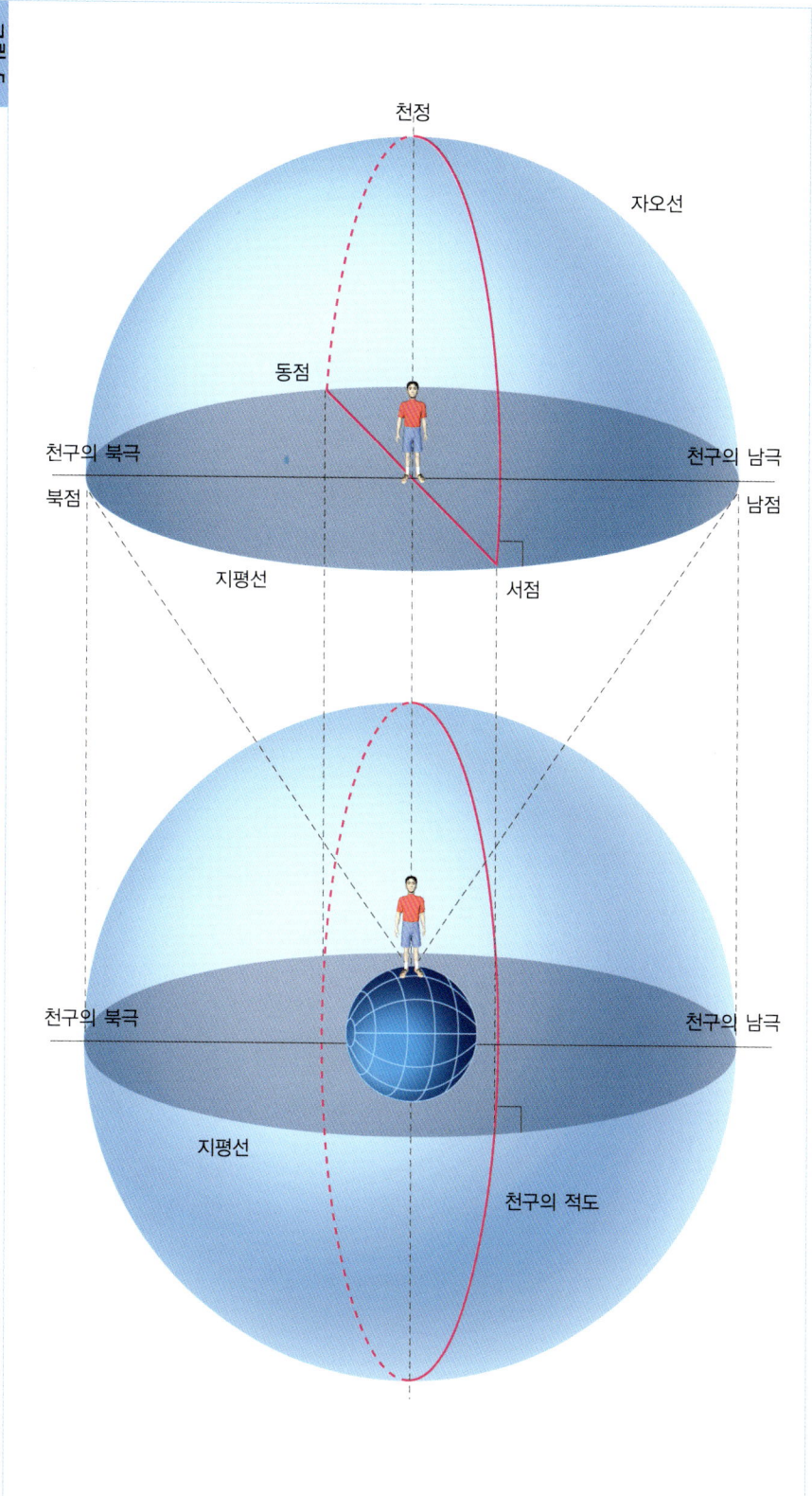

Chapter six
북반구상의 관측자와 천구

북반구($0° < \phi < 90°$)상의 관측자가 볼 때 천구의 북극 고도는 ϕ가 된다. 북점, 천정, 남점을 지나는 대원을 **자오선**이라고 하는데, 천구의 적도는 동점, 자오선상에서 천정으로부터 ϕ만큼 남쪽으로 내려간 점, 서점 등 세 점을 지나는 대원이 된다.

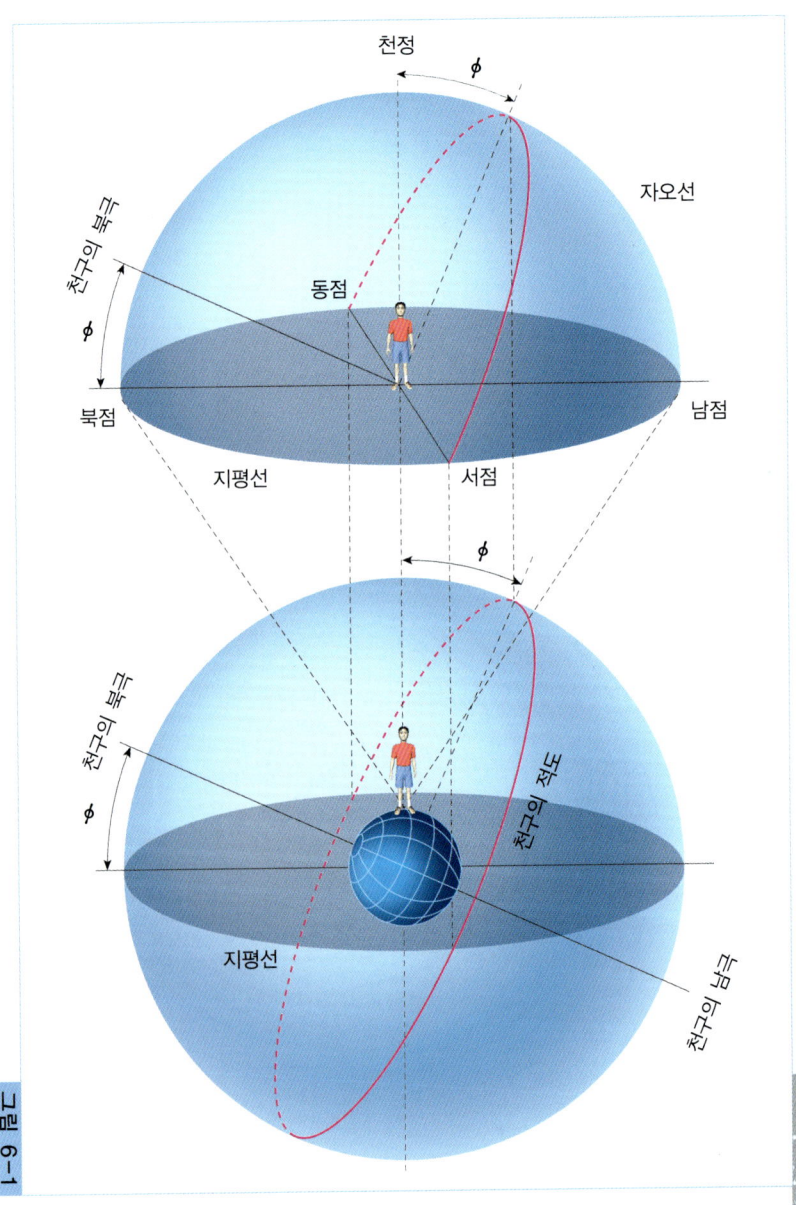

| 그림 6-1 | 북반구상의 관측자와 천구

천구의 북극 고도가 관측자의 위치에 따라 달라지는 이유, 즉 북극($\phi = 90°$)상의 관측자가 볼 때 $h = 90°$, 적도($\phi = 0°$)상의 관측자가 볼 때 $h = 0°$, 북반구($0° < \phi < 90°$)상의 관측자가 볼 때 $h = \phi$가 되는 이유는 항해하는 배(그림 6-2)를 생각하면 이해하기 쉽다.

남반구($-90° < \phi < 0°$)상의 관측자, 남극($\phi = -90°$)상의 관측자가 보는 천구도 생각해 보자.

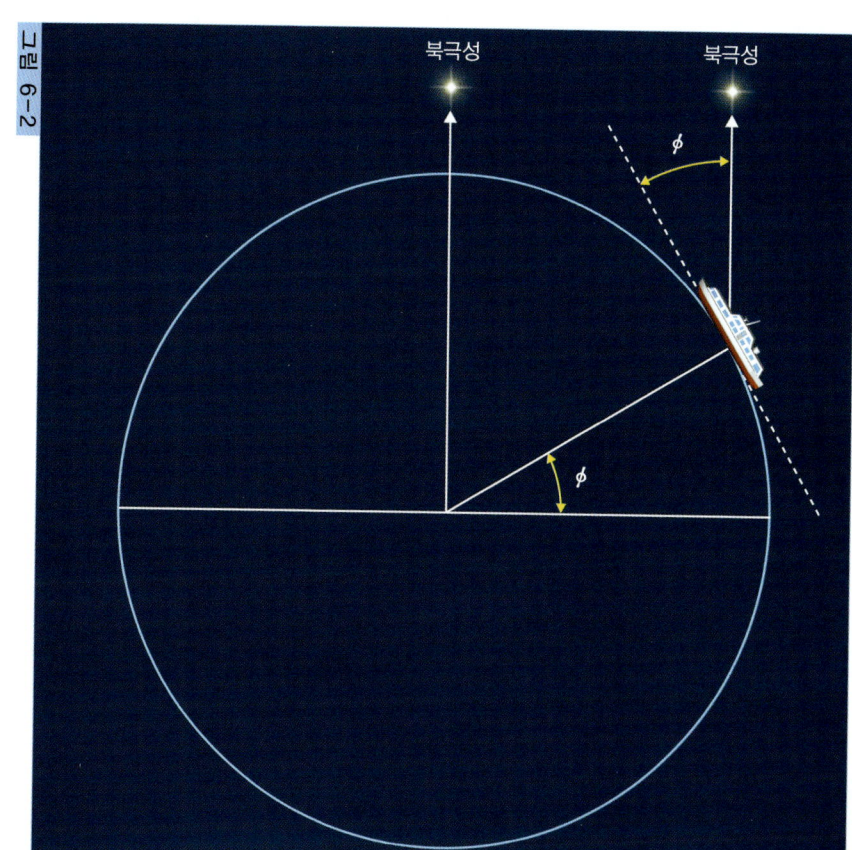

| 그림 6-2 | 항해하는 배와 북극성의 고도

QUESTION 6-1

(O× 문제) 북반구($0° < \phi < 90°$)상의 관측자가 볼 때 북극성은 북점으로부터 높이가 ϕ인 점 근처에 있다.

QUESTION 6-2

(O× 문제) 북반구($0° < \phi < 90°$)상의 관측자가 볼 때 천구의 적도에서 지평선으로부터 가장 높은 점의 고도는 ϕ가 된다.

ANSWER 6-1 정답은 (O).

천구의 북극 고도가 ϕ라는 말과 일맥상통하는 말이다.

ANSWER 6-2 정답은 (×).

천구의 적도가 자오선과 만나는 점의 고도는 $90° - \phi$가 된다.

EXERCISE 6-1

(O× 문제) 남반구($-90° < \phi < 0°$)상의 관측자가 볼 때 천구의 남극은 자오선상에서 남점으로부터 고도 $-\phi$인 점에 오게 된다. ( )

PART 1　EXERCISE 풀이

EXERCISE 1-1　**정답은 (×).** 지구상 북극과 남극에서는 한 방향만 정의된다.

EXERCISE 2-1　**정답은 (○).** $h=90°$인 점은 천정이다.

EXERCISE 3-1　**정답은 (○).** 천구의 북극과 남극을 연결하는 직선은 지구의 자전축이기 때문에 당연하다.

EXERCISE 4-1　**정답은 (○).** 남극상의 관측자가 볼 때 천구의 남극은 천정에, 천구의 적도는 지평선에 일치한다.

EXERCISE 5-1　**정답은 (○).** 적도상의 관측자가 볼 때 천구의 북극, 남극은 각각 북점, 남점과 일치한다.

EXERCISE 6-1　**정답은 (○).** $\phi<0$ 임에 주의하면 천구의 남극 고도는 $-\phi$ 라야 한다.

D I U R N A L   A N D

2
PART TWO

일주운동과 연주운동
NNUAL MOTION

지구는 서쪽에서 동쪽으로 자전하므로 천구는 상대적으로 동쪽에서 서쪽으로 하루에 한 번씩 회전하게 된다.

천구의 일주운동이란 바로 이러한 천구의 상대적 시운동을 말한다.

지구는 자전만 하는 것이 아니라 1년에 한 번씩 해를 공전하기도 한다.

따라서 지구의 공전에 따른 천구의 상대적 시운동이 있게 된다. 이것을 천구의 연주운동이라고 한다.

천구의 연주운동에 의해서 몇 달이 지나면 밤하늘의 별자리는 변하게 된다.

07 Chapter seven
diurnal and annual motion

천구의 일주운동

지구는 서쪽에서 동쪽으로 자전하므로 천구는 상대적으로 동쪽에서 서쪽으로 하루에 한 번씩 회전하게 된다. 천구의 **일주운동**이란 바로 이러한 천구의 상대적 시운동을 말한다.

천체가 자전하는 방향을 향해 오른손으로 감싸면 직각으로 편 엄지손가락 방향은 북쪽이 된다.

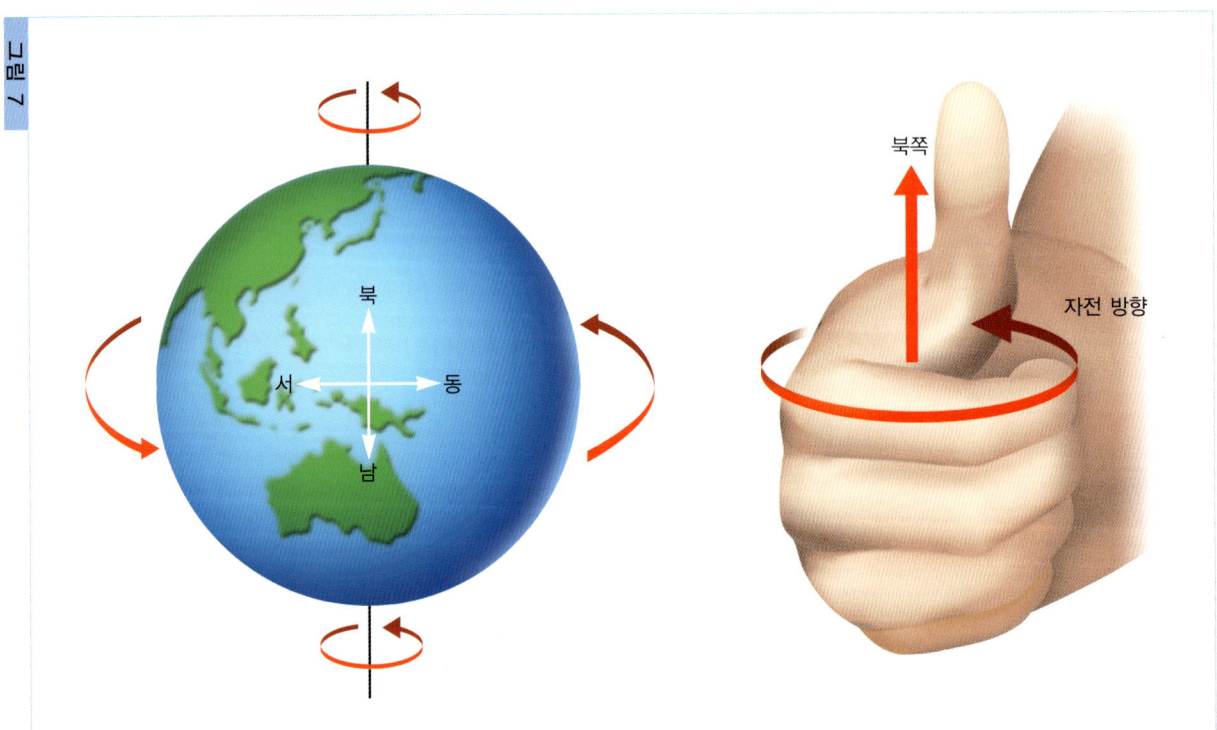

| 그림 7 | 지구의 자전

우리는 어렸을 때부터 해와 달과 별들이 동쪽에서 떠서 서쪽으로 지는 현상을 보아 왔기 때문에 각 천체들이 천구상에서 운동한다고 생각하기 쉽다. 즉 천구는 그대로 있는데 천체들이 제각기 서쪽으로 움직이는 것으로 받아들이기 쉽다는 말이다. 바로 이점이 천체의 일주운동을 이해하는 데 결정적인 장애가 된다.

이제부터는 일단 천체들이 천구에 '박혀' 있다고 생각하여야 한다. 즉 천체들은 단순히 천구의 고정된 위치에 박혀 있는데, 천구가 일주운동을 하느라고 동에서 서로 회전하기 때문에 우리 눈에는 동쪽에서 떠서 서쪽으로 지는 것처럼 보인다고 생각하자는 말이다.

QUESTION 7-1

(O× 문제) 천구의 일주운동에 의해 하늘은 1시간에 15° 회전하게 된다.

ANSWER 7-1 정답은 (O).

하루, 즉 24시간에 360°를 회전하기 때문이다.

EXERCISE 7-1

(O× 문제) 천구의 일주운동에 의해 하늘은 1분에 1° 회전하게 된다.

( )

Chapter eight
diurnal and annual motion

북극상의 관측자와 천구의 일주운동

북극(ϕ=90°)상의 관측자가 볼 때 천정은 천구의 북극과, 지평선은 천구의 적도와 일치한다. 따라서 지구가 자전을 해도 북극상의 관측자가 볼 때 해, 달, 별은 뜨거나 지는 일이 없이 천구의 북극(천정)을 중심으로 회전운동만 한다. 회전 방향은 관측자가 천정을 올려다 볼 때 시계반대방향과 같다.

따라서 '북극에 떠오르는 별', '북극에 지는 해'와 같은 표현은 천문학적으로 문제가 있는 것이다. 남극의 관측자에 대하여도 천체들은 뜨거나 지지 않는다. 물론 이 경우 별들은 천정을 중심으로 시계방향으로 회전한다.

QUESTION 8-1

북극상의 관측자가 볼 때 해가 아래 그림처럼 커다란 빙산 위에 떠 있었다. 두 시간 전에는 해가 어디에 있었을까?

ANSWER 8-1 정답은 (A).

북극상의 관측자가 왼쪽 방향으로 회전하도록 지구는 자전한다. 하지만 자기가 왼쪽으로 회전하고 있는 것을 느낄 수 없는 관측자의 눈에는 해가 오른쪽으로 수평이동하는 것처럼 보인다. 즉 북극에서는 해가 뜨거나 질 수가 없고, 하루 종일 떠 있거나 져 있어야 한다.

EXERCISE 8-1

(O× 문제) 위의 문제 8-1에서 북극상의 관측자를 남극상의 관측자로 바꿔도 정답은 바뀌지 않는다. ( )

|그림 8| 북극상의 관측자와 천구의 일주 운동

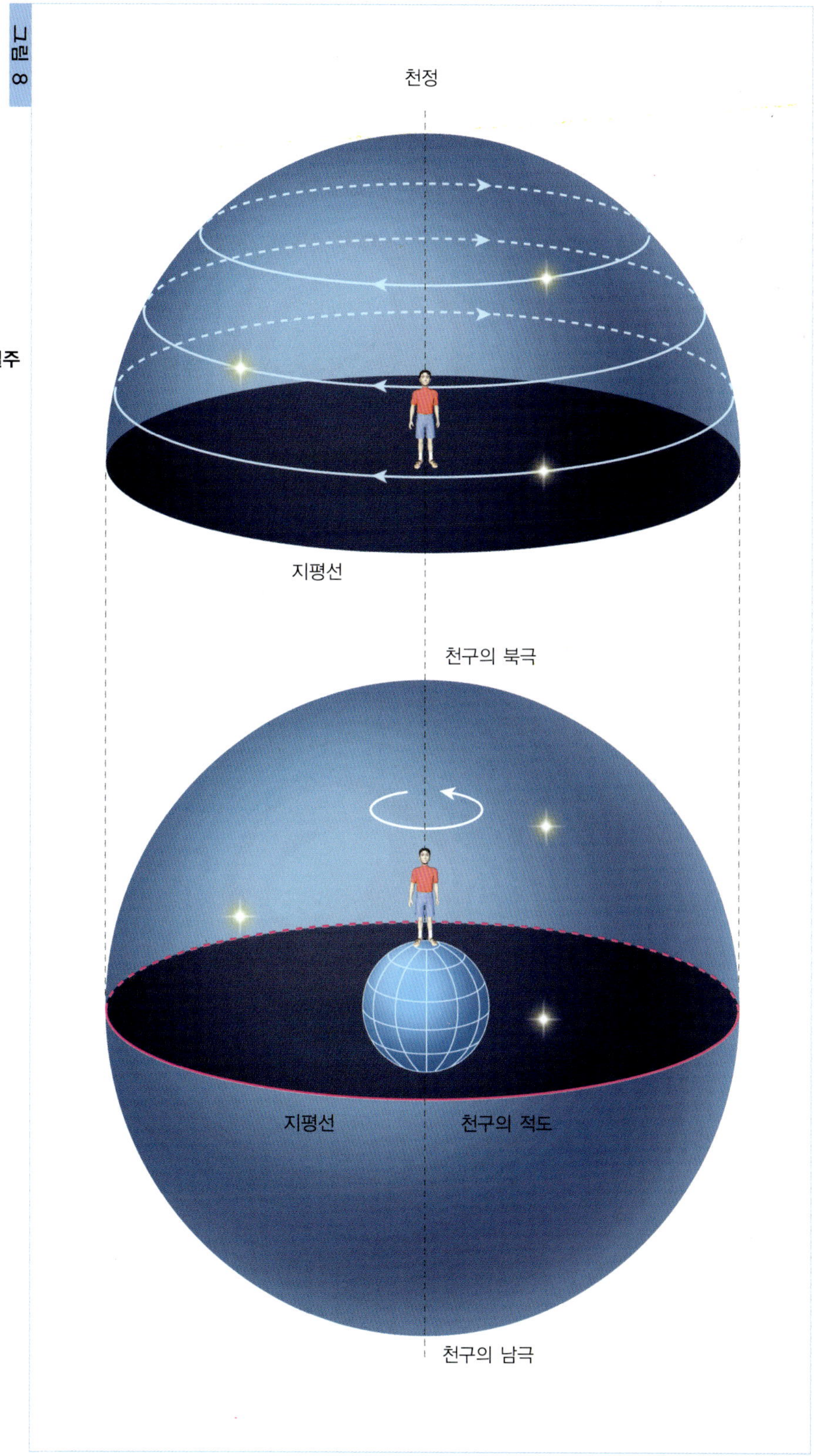

09 Chapter nine
diurnal and annual motion

적도상의 관측자와 천구의 일주운동

적도($\phi = 0°$)상의 관측자가 볼 때 천구의 적도는 동점, 천정, 서점 등 세 점을 지나는 대원이 된다. 따라서 천구의 적도는 지평선과 수직으로 교차한다. 따라서 적도상의 관측자가 볼 때 해, 달, 별은 동쪽에서 직각으로 떠서 서쪽으로 직각으로 진다. 이는 물론 지구의 자전축이 지평면에 가로누워 있기 때문이다.

QUESTION 9-1
적도상의 관측자가 볼 때 해가 오전 9시 아래 그림처럼 동쪽에 있는 야자수 위에 떠 있었다. 두 시간 후에는 해가 어디에 있을까?

QUESTION 9-2
(O× 문제) 적도상의 관측자가 볼 때 별들은 북점을 중심으로 시계반대방향으로 뜨고 진다.

ANSWER 9-1 정답은 (B).
적도상의 관측자가 볼 때 해는 수직으로 떠오른다. 따라서 두 시간 후에는 (B)로 오게 된다.

ANSWER 9-2 정답은 (O).
그림9에서 쉽게 이해할 수 있다.

EXERCISE 9-1
(O× 문제) 적도상의 관측자가 볼 때 별들은 남점을 중심으로 시계방향으로 뜨고 진다. ( )

| 그림 9 | 적도상의 관측자와 천구의 일주운동

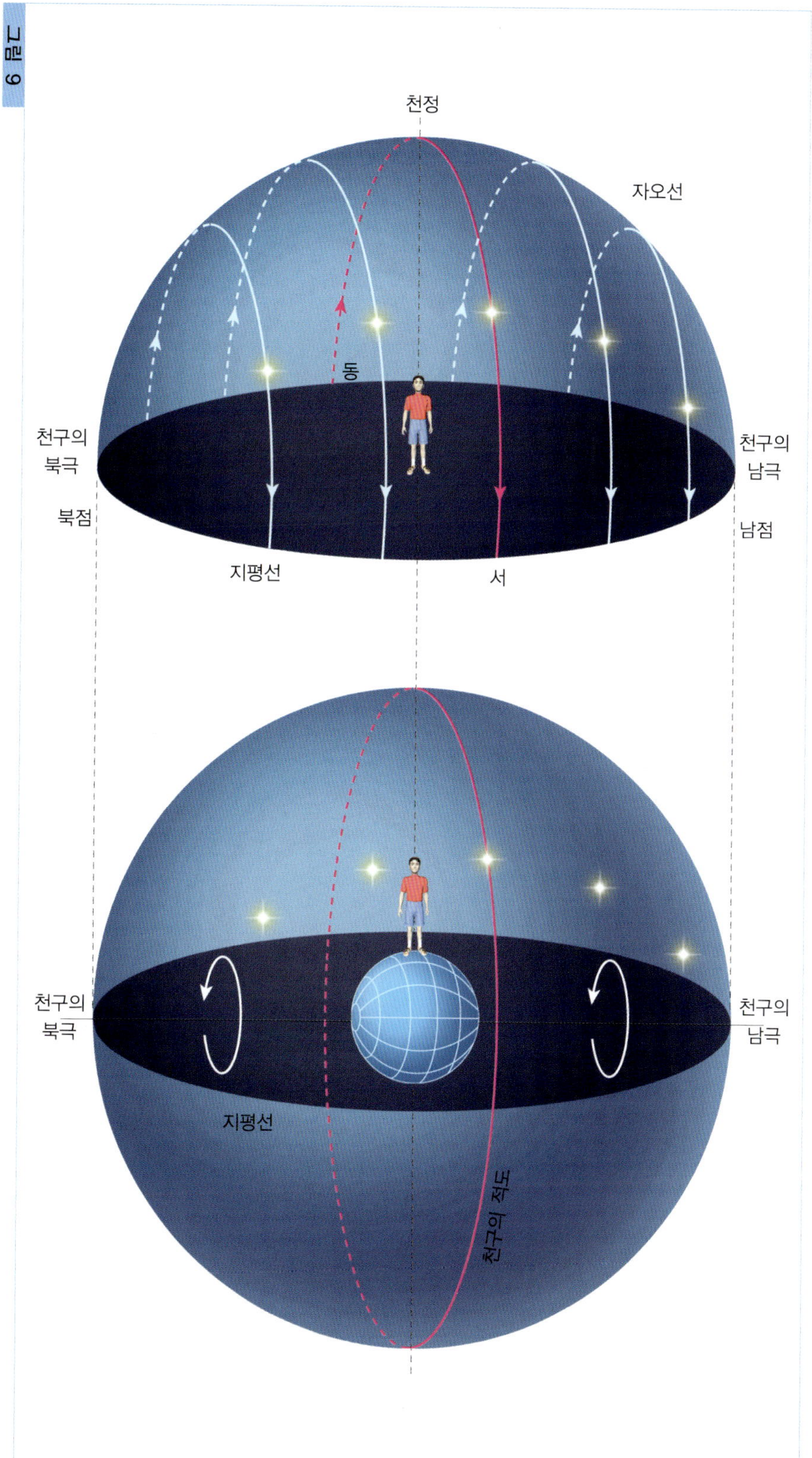

Chapter ten
diurnal and annual motion

북반구상의 관측자와 천구의 일주운동 I

북반구($0° < \phi < 90°$)상의 관측자가 볼 때 천구의 북극 고도는 ϕ가 되고, 천구의 적도는 동점, 자오선상에서 천정으로부터 ϕ만큼 남쪽으로 내려간 점, 서점 등 세 점을 지나는 대원이 된다. 따라서 해, 달, 별은 비스듬히 떠서 비스듬히 진다. 이 때 해, 달, 별이 뜨고 지는 궤적은 지평선과 $90° - \phi$의 각도를 유지한다.

QUESTION 10-1

(O× 문제) 북위 37°인 지방의 관측자가 볼 때 해, 달, 별은 지평선과 53°의 경사를 이루며 뜨고 지게 된다.

ANSWER 10-1 정답은 (O).

해, 달, 별이 뜨고 지는 궤적은 지평선과 $90° - \phi$의 각도를 유지하기 때문이다.

EXERCISE 10-1

(O× 문제) 남위 37°인 지방의 관측자가 볼 때 해, 달, 별은 지평선과 53°의 경사를 이루며 뜨고 지게 된다. ( )

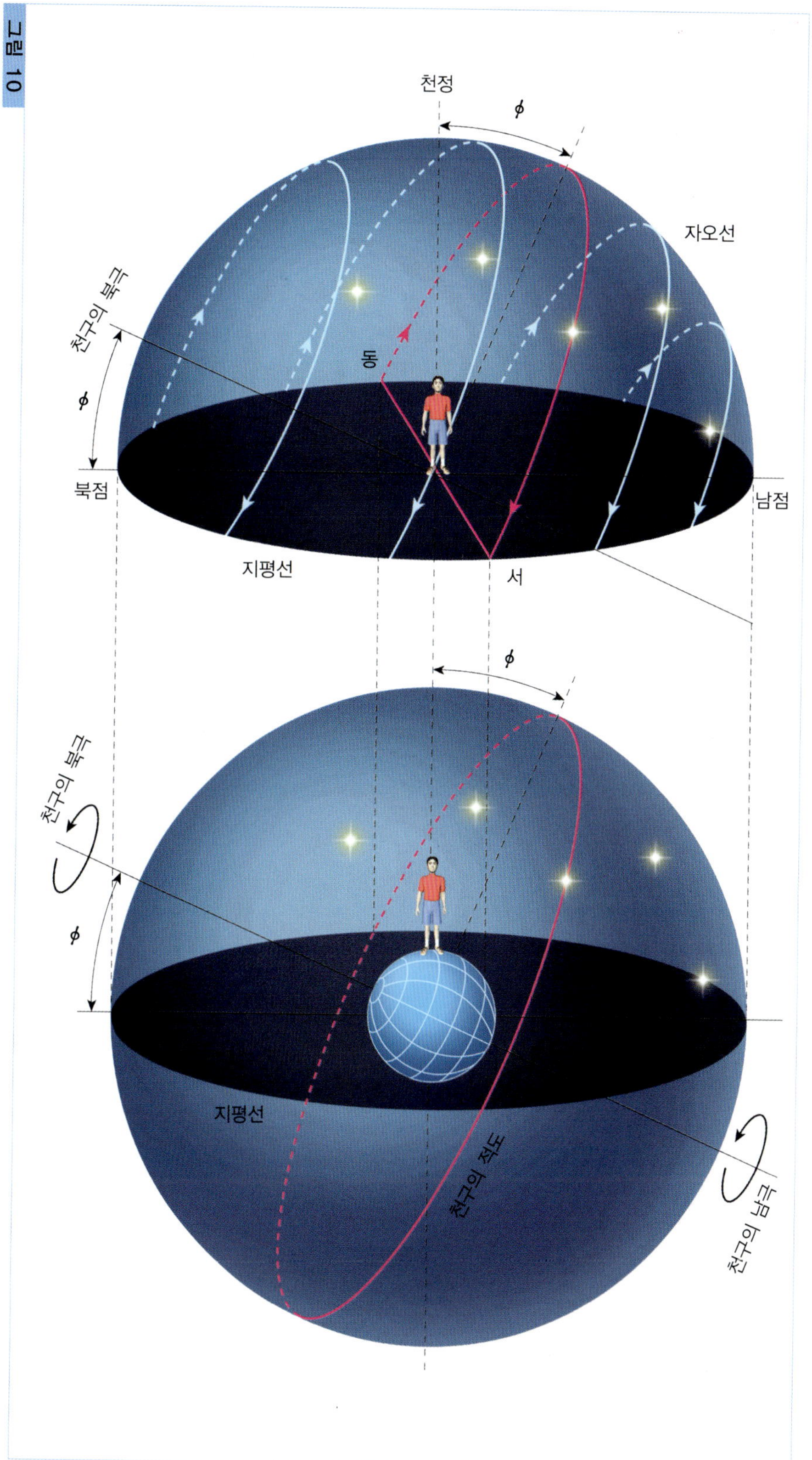

|그림 10| 북반구상의 관측자와 천구의 일주운동

11 Chapter eleven
diurnal and annual motion

북반구상의 관측자와 천구의 일주운동 Ⅱ

북반구상의 관측자가 볼 때 북두칠성과 같은 북극성(천구의 북극) 주변의 별들은 시계반대방향으로 하루 1회 회전운동한다.

카메라의 셔터를 연 채 노출을 오래 주면 천구의 북극 주변의 별들이 원운동하는 모습을 그림11처럼 아름답게 촬영할 수 있게 된다.

QUESTION 11-1

(○× 문제) 북두칠성은 1시간에 15° 회전한다.

ANSWER 11-1 정답은 (O).

북두칠성의 회전은 천구의 일주운동에 의한 것이므로 1시간에 15° 회전한다.

EXERCISE 11-1

(○× 문제) 남반구상의 관측자가 볼 때 별들은 천구의 남극 주위를 시계방향으로 하루 1회 돌게 된다. (　　)

|그림 11| 보현산 천문대에서 촬영한 북극성 주위 별들의 일주운동
(한국천문연구원 제공)

Chapter twelve

천구의 연주운동 Ⅰ

지구는 자전만 하는 것이 아니라 1년에 한 번씩 해를 공전하기도 한다. 따라서 지구의 공전에 따른 천구의 상대적 시운동이 있게 된다. 이것을 천구의 **연주운동**이라고 한다. 천구의 연주운동에 의해서 몇 달이 지나면 밤하늘의 별자리는 변하게 된다.

QUESTION 12-1

(O× 문제) 해, 달, 별이 뜨고 지는 것은 지구가 해를 공전하기 때문이다.

ANSWER 12-1 정답은 (X).

해, 달, 별이 뜨고 지는 것은 천구의 일주운동, 즉 지구의 자전 때문이다.

EXERCISE 12-1

(O× 문제) 계절마다 별자리가 바뀌는 것은 지구의 자전 때문이다. ( )

| 그림 12 | 계절마다 별자리가 바뀌는 이유

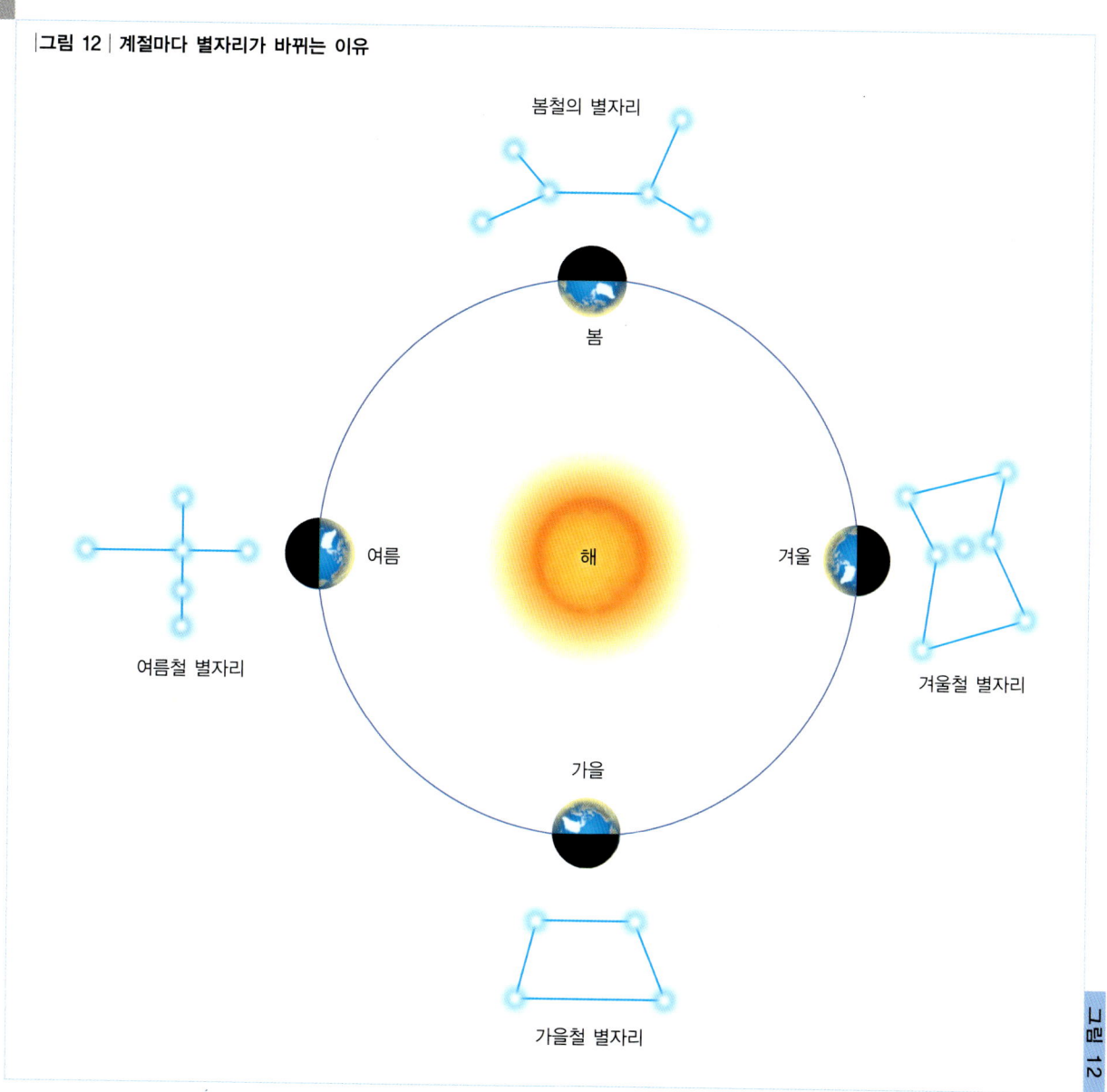

13 천구의 연주운동 II

Chapter thirteen
diurnal and annual motion

지구는 1년(약 365일) 걸려서 해를 1바퀴(360°) 공전하므로 하루에 약 1°를 움직인다. 따라서 전날 자정에 남중하였던 별은 다음날 자정에 남중하지 않고 반드시 서쪽으로 약 1°씩 치우쳐 있게 된다.

이는 우리가 일상생활에서 사용하는 시간이 별이 아니라 해를 기준으로 정의되어 있기 때문에 나타나는 현상이다. 예를 들어 정오란 해가 하루 중 가장 높이 솟아 있는 시각을 보편적으로 의미한다. 마찬가지로 자정이란 해가 지구를 중심으로 관측자의 반대편에 있는 한밤중을 의미한다. 여기서 별들이 매일 서쪽으로 1°씩 치우쳐 간다는 말은 별들이 매일 1°만큼 동쪽에서 일찍 떠오른다는 말과 같다. 지구의 자전을 기준으로 할 때 1°의 각거리는 약 4분에 해당되므로 (1시간이 15°에 해당되므로) 천구의 연주운동에 의해서 별들은 매일 약 4분씩 일찍 뜬다.

여기서 우리는 지구의 자전 주기가 24시간이 아니라 이보다 약 4분 짧은 약 23시간 56분이라는 사실을 알 수 있다. 왜냐하면 지구의 자전 주기는 해보다 아주 먼 별들 기준으로 정의되어야 하기 때문이다. 그래서 24시간을 **태양일**, 약 23시간 56분을 **항성일**이라고 부른다.

각거리 1°는 매우 작으므로 연주운동의 효과가 며칠 사이에 나타나지는 않는다. 하지만 몇 달 후에는 연주운동의 누적에 의해서 밤하늘의 별자리가 모두 바뀌게 된다. 예를 들어 가을밤 자정 중천에서 잘 보이던 별들도 석 달 뒤 겨울이 오면 약 4분 × 90일=360분=6시간이나 빨리 떠서 자정 무렵에는 서쪽 하늘에 낮게 떠 있거나 곧 지게 된다. 따라서 새로운 겨울철의 별자리들이 겨울철 자정 중천을 수놓는다.

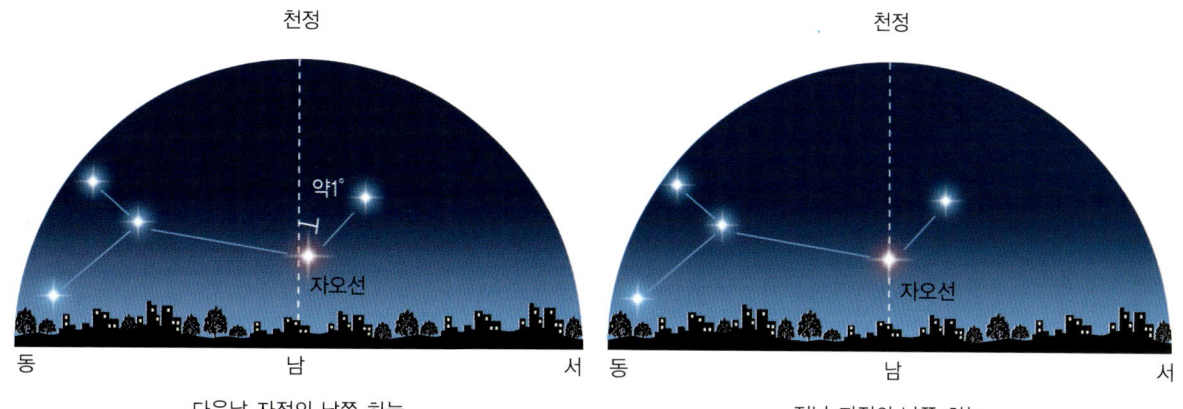

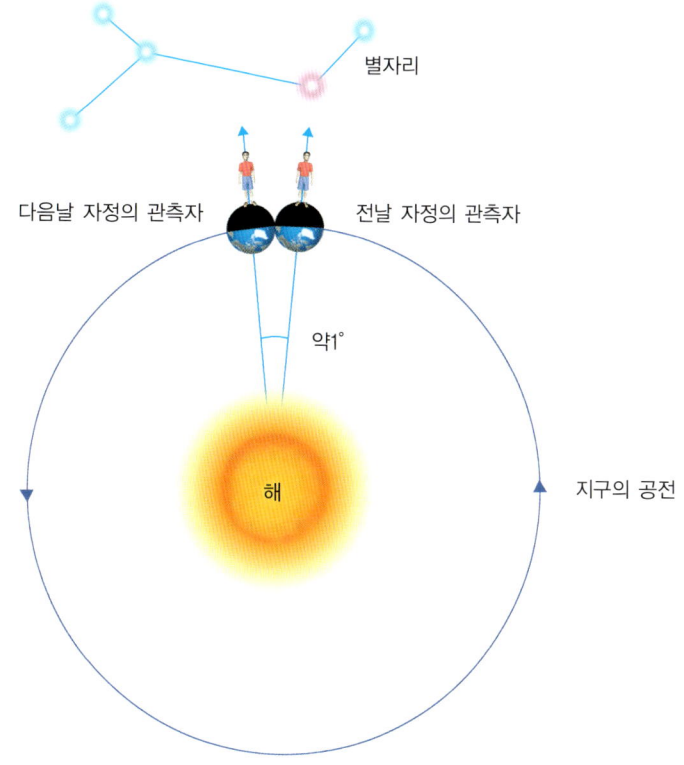

| 그림 13 | 천구의 연주운동

QUESTION 13-1

어젯밤 21시 창살이 가는 작은 창문을 통해 보니 남서쪽 하늘에 아주 밝은 별이 맨 왼쪽 그림처럼 보였다. 어젯밤 21시 4분에는 이 별이 A, B, C, D 중 어디에 있었을까?

 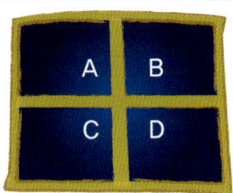

QUESTION 13-2

문제 13-1에서 오늘 밤 21시 이 별의 위치와 가장 가까운 곳은?

QUESTION 13-3

문제 13-1에서 오늘 밤 20시 56분 이 별의 위치와 가장 가까운 곳은?

QUESTION 13-4

(O× 문제) 해는 매일 약 4분씩 일찍 뜬다.

QUESTION 13-5

(O× 문제) 직녀성이 오늘 8시에 뜬다면 보름 후에는 저녁 7시에 뜬다.

ANSWER 13-1 정답은 (D).

우리나라에서 남서쪽 하늘에 떠 있는 별은 시간이 지나면 오른쪽 아래 방향으로 지게 되기 때문이다.

ANSWER 13-2 정답은 (D).

별들이 매일 1°씩 서진한다는 사실을 묻는 문제이다.

ANSWER 13-3 정답은 (A).

어제 21시 위치와 비슷하게 된다.

ANSWER 13-4 정답은 (X).

별만 매일 약 4분씩 일찍 뜬다.

ANSWER 13-5 정답은 (O).

별들은 하루에 4분씩 일찍 뜨기 때문에 보름 후에는 4분×15=60분, 즉 한 시간 일찍 뜨게 된다.

EXERCISE

13-1
(O× 문제) 지구의 자전 주기는 24시간이 아니라 이보다 약 4분 짧은 23시간 56분이다.   ( )

13-2
(O× 문제) 지구의 남반구 지역에서 매일 같은 시각에 관측하면 북쪽 하늘의 별들은 매일 약 1°씩 동진한다.   ( )

13-3
(O× 문제) 달은 매일 약 4분씩 일찍 뜬다.

( )

14 Chapter fourteen
천구의 연주운동 Ⅲ

저녁 북두칠성의 북극성에 대한 상대적 위치는 계절마다 다른데 이것도 마찬가지 원리로 설명된다. 즉 11장에서 공부한 내용처럼 천구의 일주운동만 적용한다면 북두칠성은 계절에 관계없이 매일 밤 같은 시각이면 같은 장소로 되돌아와야 한다.

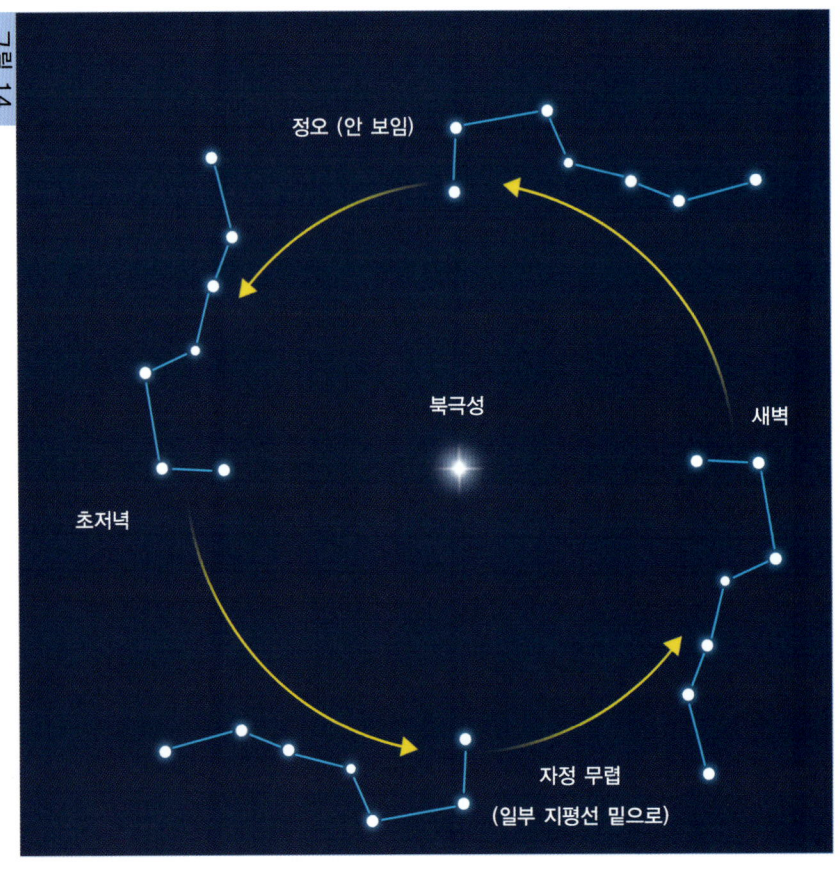

| 그림 14 | 여름 밤 북두칠성의 회전

천구의 연주운동은 남쪽 하늘의 별들을 약 1°씩 서진시키는 것과 마찬가지로 북극성 주위 별들을 매일 시계반대방향으로 1°씩 더 회전시킨다. 따라서 3개월이 지나면 북두칠성이 1°× 90일=90°만큼 더 돌아가서 북극성에 대한 상대적 위치가 계절마다 바뀌게 된다. 즉 북두칠성은 1년, 365일 동안 북극성 주위를 366바퀴 회전하는 것이다.

QUESTION 14-1

어젯밤 20시 북두칠성이 오른쪽 위의 그림처럼 떠 있었다. 오늘 밤 20시 북두칠성의 위치에 가장 가까운 그림은?

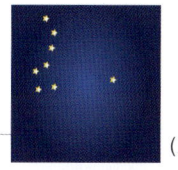
(그림)

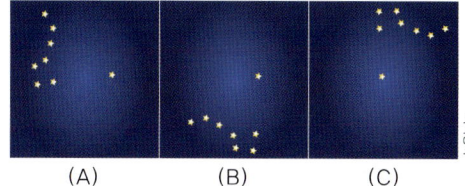
(A)　　　(B)　　　(C)

ANSWER 14-1 정답은 (A).

북두칠성은 천구의 일주운동 때문에 하루가 지나면 제자리로 돌아온다. 물론 천구의 연주운동 때문에 1° 더 회전하기는 하지만 눈으로 봐서는 알아내기 힘들다.

QUESTION 14-2

앞 쪽의 문제 14-1에서 오늘 밤 02시 북두칠성의 위치는?

QUESTION 14-3

앞 쪽의 문제 14-1에서 3개월 후 20시 북두칠성의 위치는?

QUESTION 14-4

앞 쪽의 문제 14-1에서 1년 후 20시 북두칠성의 위치는?

ANSWER 14-2 정답은 (B).

시계반대방향으로 15° × 6시간 = 90° 더 돌아가야만 한다.

ANSWER 14-3 정답은 (B).

북두칠성이 1° × 90일 = 90° 만큼 더 돌아가야만 한다.

ANSWER 14-4 정답은 (A).

즉 북두칠성은 지난 1년, 365일 동안 북극성 주위를 366바퀴 회전하고 제자리로 돌아온 것이다.

EXERCISE 14-1

(O× 문제) 남십자성은 천구의 남극을 중심으로 시계 방향으로 회전한다.

( )

PART 2   EXERCISE 풀이

diurnal and annual motion

EXERCISE 7-1 **정답은 (×).** 1시간에 15° 회전하므로 1° 회전하는 데에는 4분이 걸린다.

EXERCISE 8-1 **정답은 (×).** 정답은 (B)가 된다.

EXERCISE 9-1 **정답은 (O).** 남점이 곧 천구의 남극이기 때문이다.

EXERCISE 10-1 **정답은 (O).** 북반구와 마찬가지이다.

EXERCISE 11-1 **정답은 (O).** 별들은 북반구와 반대방향으로 회전한다.

EXERCISE 12-1 **정답은 (×).** 지구의 공전 때문이다.

EXERCISE 13-1 **정답은 (O).** 1항성일이 자전 주기이다.

13-2 **정답은 (×).** 역시 1°씩 서진한다.

13-3 **정답은 (×).** 달은 천구의 연주운동과 관계없다.

EXERCISE 14-1 **정답은 (O).** EXERCISE 11-1 참조.

M O T I O N   O F   T H E

PART 2　EXERCISE 풀이

diurnal and annual motion

EXERCISE 7-1　**정답은 (×)**. 1시간에 15° 회전하므로 1° 회전하는 데에는 4분이 걸린다.

EXERCISE 8-1　**정답은 (×)**. 정답은 (B)가 된다.

EXERCISE 9-1　**정답은 (O)**. 남점이 곧 천구의 남극이기 때문이다.

EXERCISE 10-1　**정답은 (O)**. 북반구와 마찬가지이다.

EXERCISE 11-1　**정답은 (O)**. 별들은 북반구와 반대방향으로 회전한다.

EXERCISE 12-1　**정답은 (×)**. 지구의 공전 때문이다.

EXERCISE 13-1　**정답은 (O)**. 1항성일이 자전 주기이다.
　　　　13-2　**정답은 (×)**. 역시 1°씩 서진한다.
　　　　13-3　**정답은 (×)**. 달은 천구의 연주운동과 관계없다.

EXERCISE 14-1　**정답은 (O)**. EXERCISE 11-1 참조.

M O T I O N   O F   T H E

PART THREE

해와 달의 운동

S U N   A N D   M O O N

지금까지 편의상 천체들이 천구상에 '박혀' 있다고 생각했다.
그러나 실제로 해와 달은 천구상에 얌전히 박혀 있지 않고 끊임없이 움직이고 있기 때문에
반드시 천구의 시운동과 이것을 같이 고려해야 한다. 해는 1년에 황도를 따라
천구를 한 바퀴 돌게 되어 매일 적경과 적위가 바뀐다. 따라서 뜨고 지는 시간 역시 매일 바뀌게 된다.
달은 매일 평균 52분씩 늦게 뜨고 진다.

15 Chapter fifteen
motion of the sun and moon

황도 I

지구의 자전축은 공전 궤도에 수직인 방향으로부터 $23\frac{1}{2}°$ 기울어져 있다. 지구가 A점에 있을 때 해는 북회귀선을 수직으로 비추므로 우리나라는 더운 **하지**가 된다. 낮과 밤의 경계선은 지구의 자전축과 일치하지 않는다는 점에 유의하면 우리나라에서는 하지 때 낮의 길이가 가장 길다는 사실을 깨달을 수 있다.

이 경우 북극 지방은 하루 종일 낮, 남극 지방은 하루 종일 밤이라는 사실도 눈여겨보아 두자. 지구의 양극 지방에서는 6개월은 낮, 6개월은 밤이 계속되는 이유를 금방 이해할 수 있다.

QUESTION 15-1
(O× 문제) 호주가 우리나라와 경도가 비슷하다고 가정하면 우리나라가 낮일 때 호주는 밤이다.

QUESTION 15-2
(O× 문제) 호주가 우리나라와 경도가 비슷하다고 가정하면 우리나라가 겨울일 때 호주는 여름이다.

ANSWER 15-1 정답은 (X).
경도가 비슷하므로 낮과 밤은 같이 바뀐다.

ANSWER 15-2 정답은 (O).
경도가 비슷하지만 남반구에 있으므로 계절은 반대가 된다.

EXERCISE

15-1
(O× 문제) 미국이 우리나라와 경도가 거의 180° 차이난다고 가정하면 우리나라가 낮일 때 미국은 밤이다.
( )

15-2
(O× 문제) 미국이 우리나라와 경도가 거의 180° 차이난다고 가정하면 우리나라가 겨울일 때 미국은 여름이다.
( )

마찬가지로 지구가 C점에 있을 때 해는 남회귀선을 수직으로 비추어 우리나라는 밤이 가장 길고 추운 **동지**가 된다. 지구가 B점에 있을 때 우리나라는 **추분**, D점에 있을 때는 **춘분**이 되며 어느 경우든지 낮과 밤의 길이가 같게 된다.

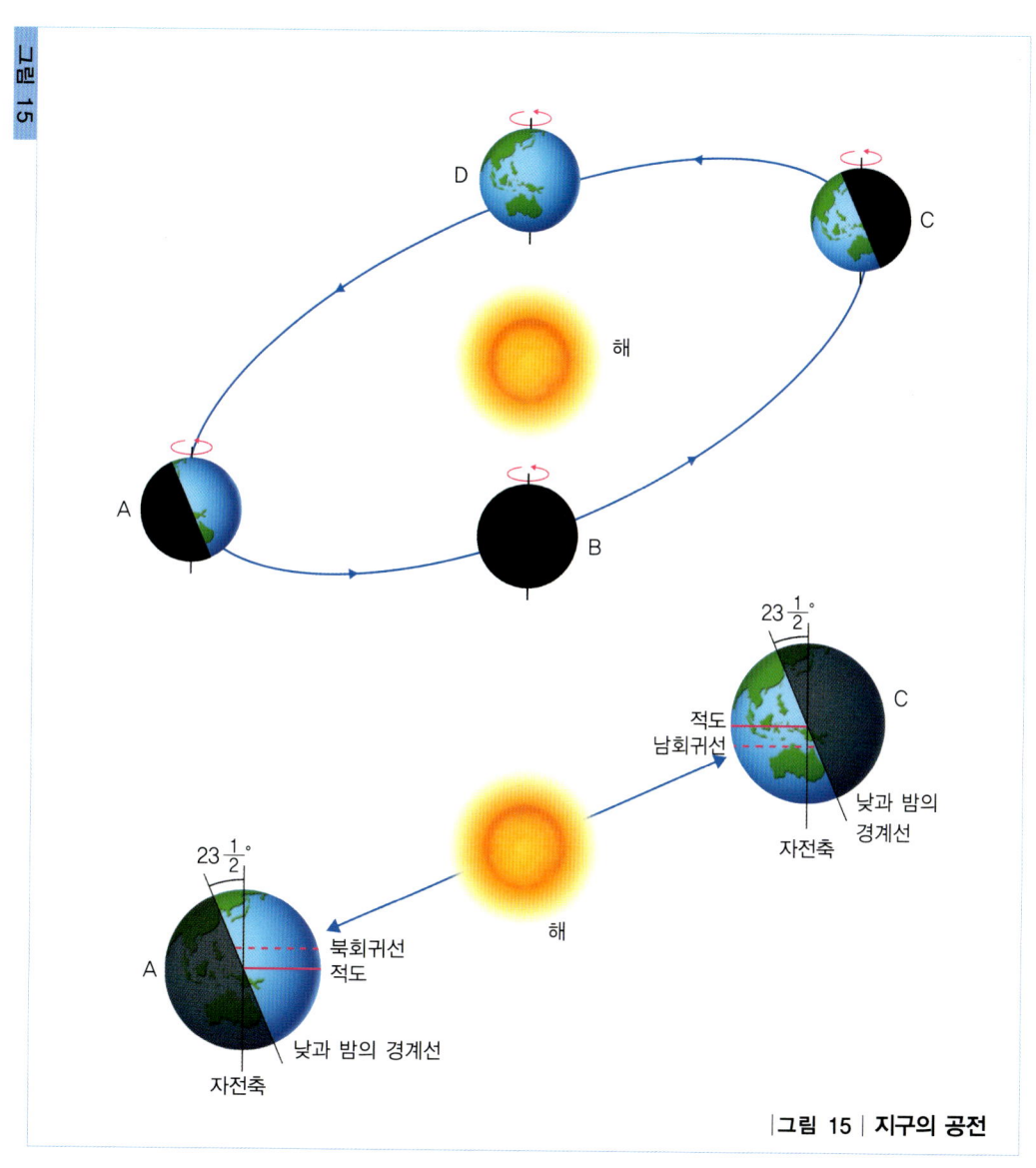

| 그림 15 | **지구의 공전**

16 황도 II

Chapter sixteen
motion of the sun and moon

천구의 반지름은 ∞이기 때문에 지구 공전 궤도를 천구 속에 집어넣고 생각해도 아무 문제가 없다.

낮에 보이는 해는 우리 눈에 별들보다 더 가까이 있는 것처럼 보이지는 않는다. 즉 해, 달, 별 모두 하늘에 '박혀' 있는 것처럼 보인다. 따라서 우리나라가 하지일 때, 즉 지구가 A점에 있을 때 해는 마치 천구상의 C' 점에 있는 것처럼 보이는데, C' 점을 우리는 **하지점**이라고 한다. **동지점** A', **춘분점** B', **추분점** D' 도 마찬가지로 정의된다. 이들은 천구의 북극, 남극과 마찬가지로 천구상에 고정된 점들이다. 북극성 경우와 마찬가지로 만일 하지점 가까이 밝은 별이 있었더라면 그 별은 틀림없이 '하지성' 으로 불리었을 것이다.

천구상 어디에나 우리 은하의 별들로 가득 차 있다. 다만 해 주위의 별들은 낮에 뜨기 때문에 볼 수 없을 뿐이다. 예를 들어 하지점 C' 주위의 별들은 하짓날 낮에 뜨는 별, 즉 하짓날 밤에는 지는 별들이라는 사실을 알 수 있다. 실제로 이 별들은 정반대의 계절, 겨울철의 별자리를 이룬다. 여기서 우리는 하지점이 겨울철 별자리에 있다는 사실을 알게 된다. 마찬가지로 동지점은 여름철에 위치하게 되며, 춘분점은 가을철 별자리, 추분점은 봄철 별자리에 위치한다.

지구가 약 90일 걸려서 A점으로부터 B점까지 움직이면 해는 마치 천구상에서 별들을 헤치고 C' 점에서 D' 점으로 이동한 것처럼 보인다. 따라서 지구가 1년 동안 A→B→C→D→A처럼 한 번 해를 공전하면 해는 마치 대원 $C'→D'→A'→B'→C'$ 를 따라 천구를 일주하는 것처럼 보인다. 이 대원을 우리는 **황도**라고 부른다. 황도와 적도는 옛날 성도에서 각각 노란색과 붉은 색으로 그려진 데서 비롯된 이름이다. 황도와 천구의 적도는 춘분점과 추분점에서 교차하며 $23\frac{1}{2}°$의 각을 이룬다.

| 그림 16 | 천구와 지구의 공전 궤도

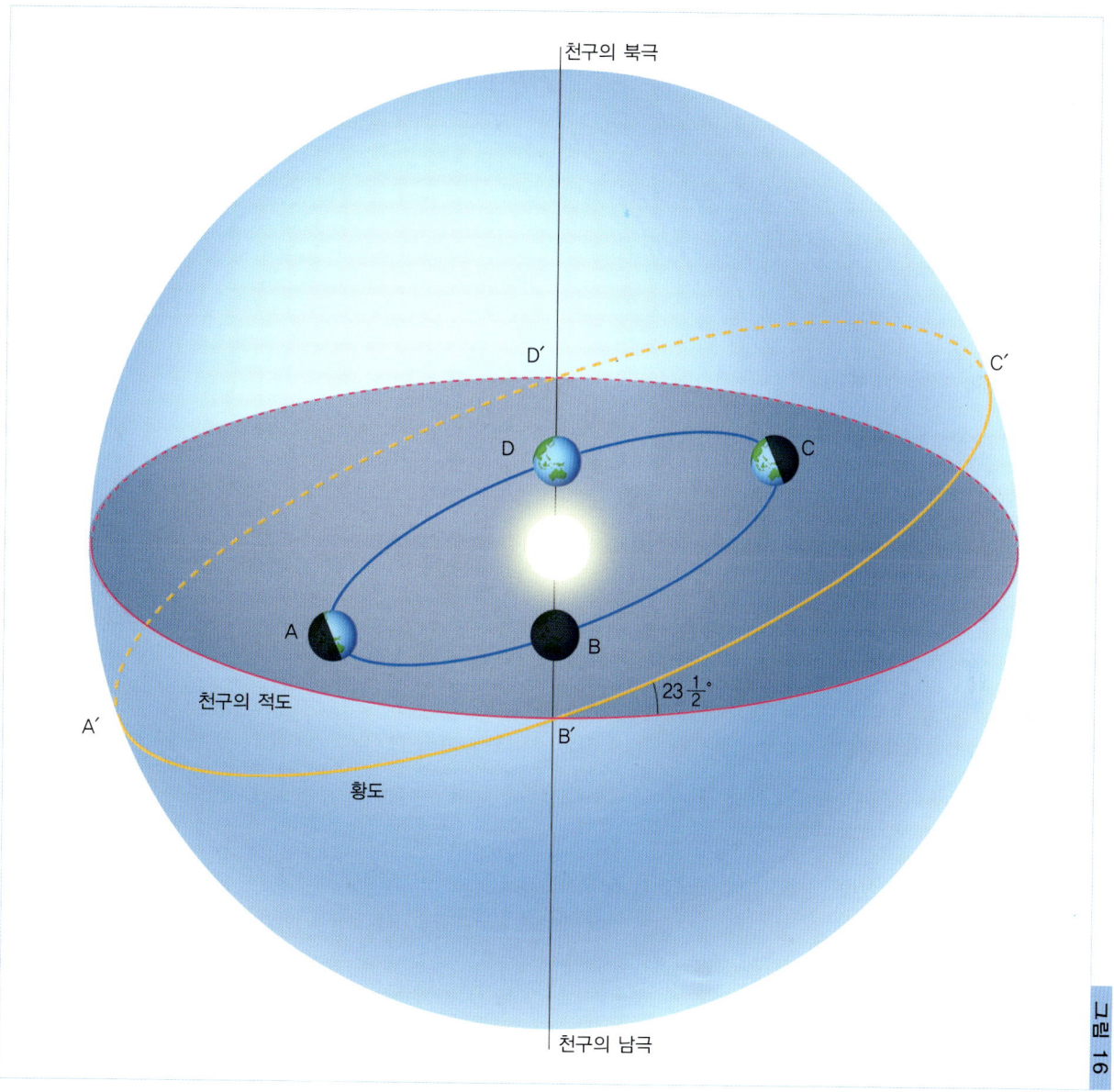

QUESTION 16-1

(○× 문제) 황도와 천구의 적도는 하지점과 동지점에서 만난다.

QUESTION 16-2

아래 그림에는 하짓날 북극상의 관측자와 해가 그려져 있다.
황도를 그리고 추분점의 위치를 표시하라.

QUESTION 16-3

(○× 문제) 춘분점은 천구의 연주운동에 의해 매일 약 4분씩 일찍 뜬다.

QUESTION 16-4

아래의 반원에 우리나라의 관측자가 보는 추분날 자정 무렵의
남쪽 하늘을 그리고자 한다. 황도를 그리고 남중하는 분점이나
지점을 나타내라.

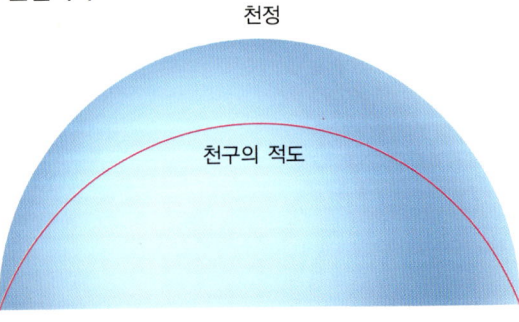

ANSWER 16-1 정답은 (X).

황도와 천구의 적도는 춘분점과 추분점에서 만난다.

ANSWER 16-2 그림과 같다.

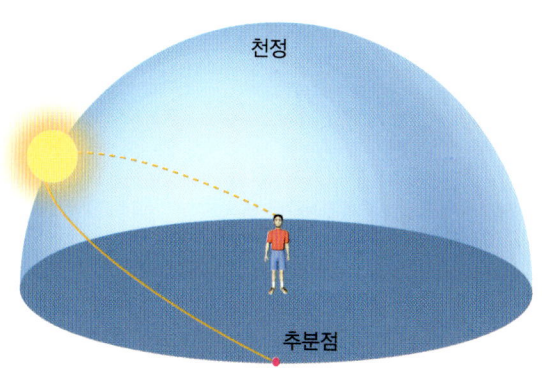

ANSWER 16-3 정답은 (O).

분점과 지점은 천구상에 고정된 점들이므로 별처럼 행동하기 때문이다.

ANSWER 16-4 그림과 같다.

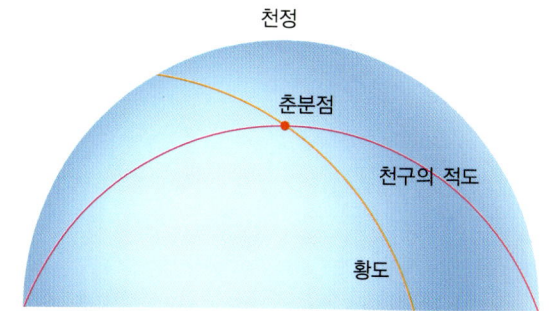

EXERCISE

16-1
(O× 문제) 황도와 천구의 적도는 $66\frac{1}{2}°$로 교차한다.

( )

16-2
다음 그림에 황도를 그려 넣어라.

( )

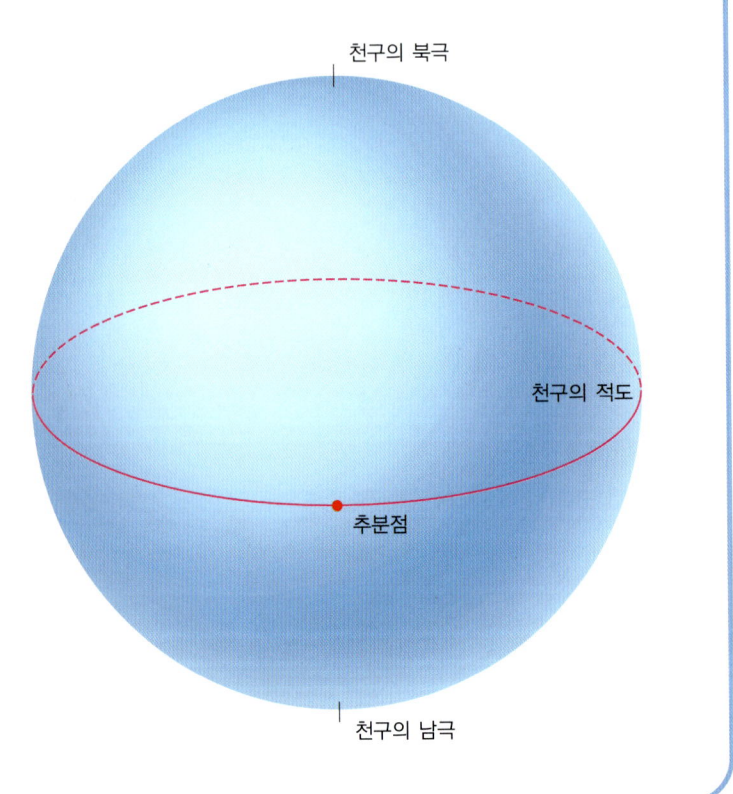

황도 12궁

황도에 걸쳐 있는 별자리의 개수는 총 12개인데 이들을 일컬어 **황도 12궁**이라고 한다. 해는 매월 황도 12궁을 대략 하나씩 통과하게 되며 그 시기는 다음과 같다.

1월	염소	2월	물병
3월	물고기	4월	양
5월	황소	6월	쌍둥이
7월	게	8월	사자
9월	처녀	10월	천칭
11월	전갈	12월	궁수

따라서 춘분점은 물고기자리, 하지점은 쌍둥이자리, 추분점은 처녀자리, 동지점은 궁수자리에 각각 위치해야 한다. 이것으로부터 물고기자리는 가을철, 쌍둥이자리는 겨울철, 처녀자리는 봄철, 궁수자리는 여름철 별자리라는 사실을 알 수 있다.

서양의 점성술은 일찍이 황도 12궁을 바탕으로 발전하게 되었다. 예를 들어 생일이 8월인 사람은 사자자리와 관계가 있다는 식이다. 여기서 오해하기 쉬운 점은 생일에 해당되는 황도 12궁이 생일 밤에 잘 보인다고 생각하는 것이다. 그러나 실제로는 이와 정반대의 현상이 나타난다. 예를 들어 사자자리는 8월에 절대로 볼 수 없는데, 그 이유는 해가 하루 종일 사자자리에 머물기 때문이다.

17 천구의 적도 좌표계

Chapter seventeen
motion of the sun and moon

적도 좌표계는 춘분점과 천구의 적도를 기준으로 한 좌표계로 가장 많이 쓰인다. 이 좌표계에서는 지구의 경도에 해당하는 **적경**과 지구의 위도에 해당하는 **적위**를 쓴다.

적경은 흔히 그리스 문자 α(알파)로 나타내며 춘분점으로부터 동쪽으로 재어 간다. 단위로는 시간과 같이 시, 분, 초를 사용하여 예를 들어 9시 13분 27초인 경우 $\alpha = 9^h\,13^m\,27^s$와 같이 표기한다.

적위는 그리스 문자 δ(델타)로 나타내며 천구의 적도로부터의 각거리를 나타낸다. 적위는 천구의 북반구에서는 (+) 값, 남반구에서는 (-) 값을 갖는다. 단위로는 보통 각도 단위인 도, 분, 초를 사용하여 예를 들어 +13도 56분 47초인 경우 $\delta = +13°\,56'\,47''$와 같이 표기한다.

적도 좌표계를 이용하면 천구상 춘분점의 위치는 $\alpha = 0^h$, $\delta = 0°$, 하지점의 위치는 $\alpha = 6^h$, $\delta = +23\frac{1}{2}°$, 추분점의 위치는 $\alpha = 12^h$, $\delta = 0°$, 동지점의 위치는 $\alpha = 18^h$, $\delta = -23\frac{1}{2}°$로 표시된다.

QUESTION 17-1

(O× 문제) 적도 좌표계로 $\alpha = 12^h\,13^m\,27^s$, $\delta = +13°\,56'\,47''$인 지점에 있는 별은 가을철 별자리에 속한다.

ANSWER 17-1 정답은 (X).

별은 추분점($\alpha = 12^h$, $\delta = 0°$) 근처에 있으므로 봄철 별자리를 이룬다.

EXERCISE 17-1

(O× 문제) 적도 좌표계로 $\alpha = 1^h\,13^m\,27^s$, $\delta = +13°\,56'\,47''$인 지점에 있는 별은 가을철 별자리에 속한다.

( )

|그림 17| **적도 좌표계**

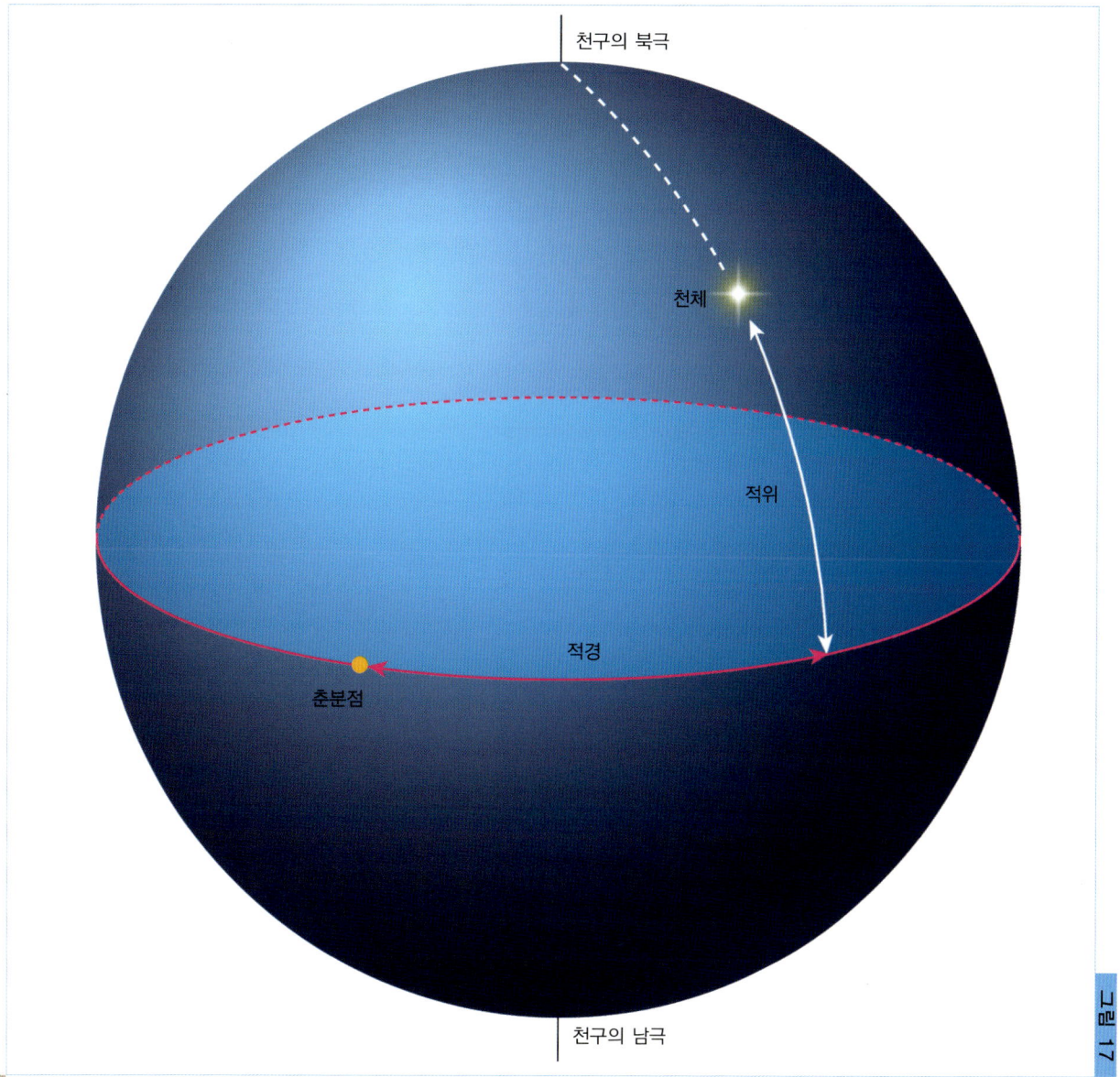

59 천구의 적도 좌표계

18 북극상의 관측자와 해의 시운동

Chapter eighteen
motion of the sun and moon

앞에서는 편의상 천체들이 천구상에 '박혀' 있다고 생각했다. 그러나 실제로 천체들은 천구상에 얌전히 박혀 있지 않고 끊임없이 움직이고 있기 때문에 천체의 시운동을 이해하려면 반드시 천구의 시운동과 각 천체의 운동을 동시에 살펴봐야 한다.

북극($\phi = 90°$)상의 관측자가 볼 때는 지구가 자전을 해도 해, 달, 별은 뜨거나 지는 일이 없이 천구의 북극(천정)을 중심으로 회전운동만 한다. 회전 방향은 관측자가 천정을 올려다 볼 때 시계반대방향과 같다.

따라서 해는 다음과 같이 시운동을 하는데, 이 경우 지평선이 천구의 적도와 일치하므로 해의 고도는 곧 천구의 적위와 같음에 유의하자.

따라서 하짓날 해는 $h = 23\frac{1}{2}°$의 고도를 유지하며 하루 종일 떠 있어야 한다. 이 때 천정을 중심으로 놓고 볼 때 해가 시계반대방향으로 회전하는 것은 물론이다. 즉 춘분 때 지평선 뒤에 걸려 있던 해는 δ값이 서서히 증가하면서 고도를 높이다가 석 달 뒤 하지 때 최고 고도인 $23\frac{1}{2}°$에 이르게 된다. 마찬가지로 하지가 지난 후 해는 점점 고도가 낮아져서 추분이 되면 다시 지평선에서 회전운동을 하게 된다. 그래서 북극에서는 여름을 중심으로 6개월 동안 낮이 계속되는 것이다. 추분 때부터 동지를 거쳐 춘분에 이르는 6개월 동안에는 밤이 계속된다.

|그림 18| **북극상의 관측자와 해의 시운동**

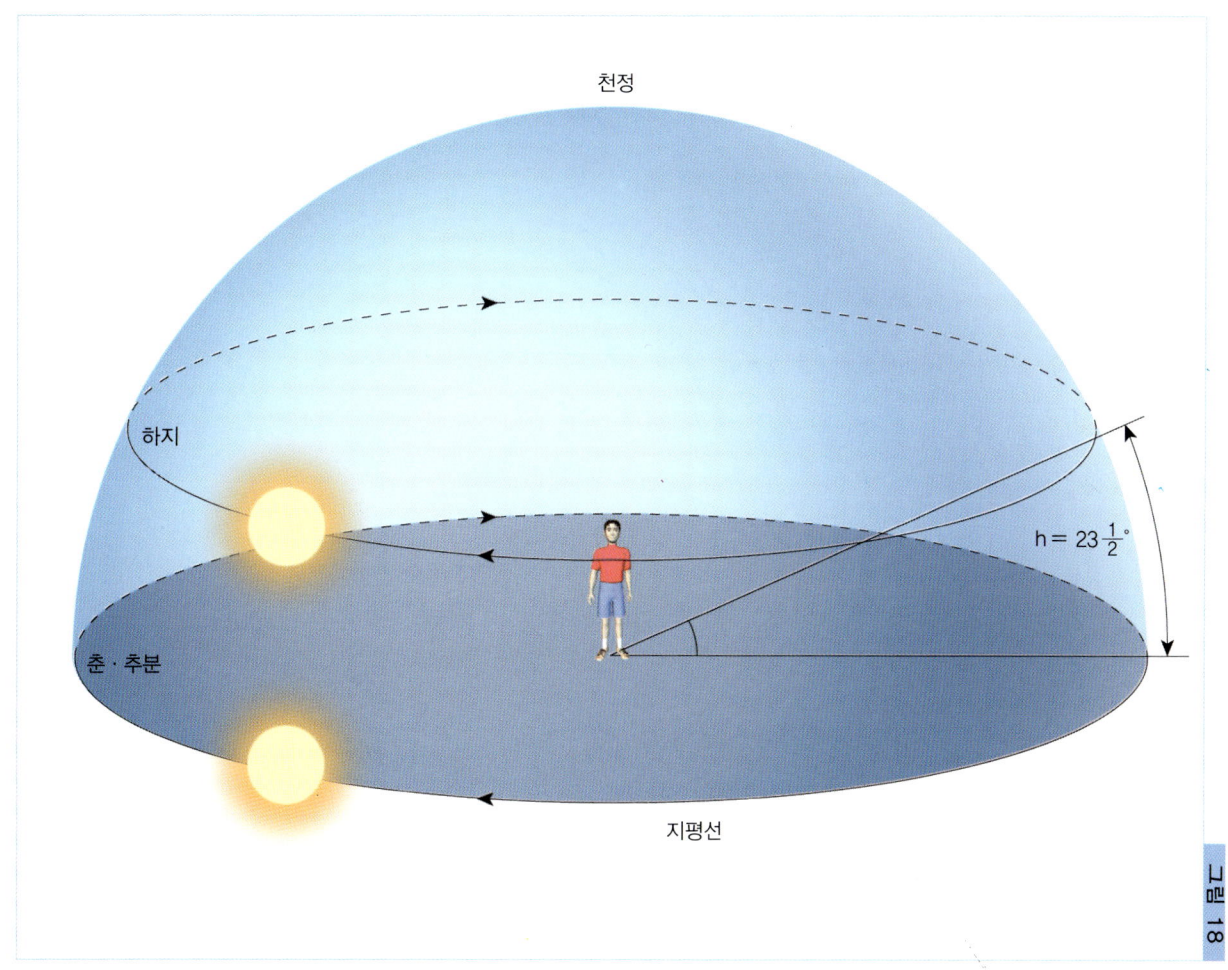

61 북극상의 관측자와 해의 시운동

QUESTION 18-1

북위 89도인 지역에서 어제 정오 해가 아래 왼쪽 그림처럼 커다란 빙산 위에 떠 있었다. 어제 오전 10시 해의 위치에 가장 가까운 곳은 A, B, C, D 중 어디인가?

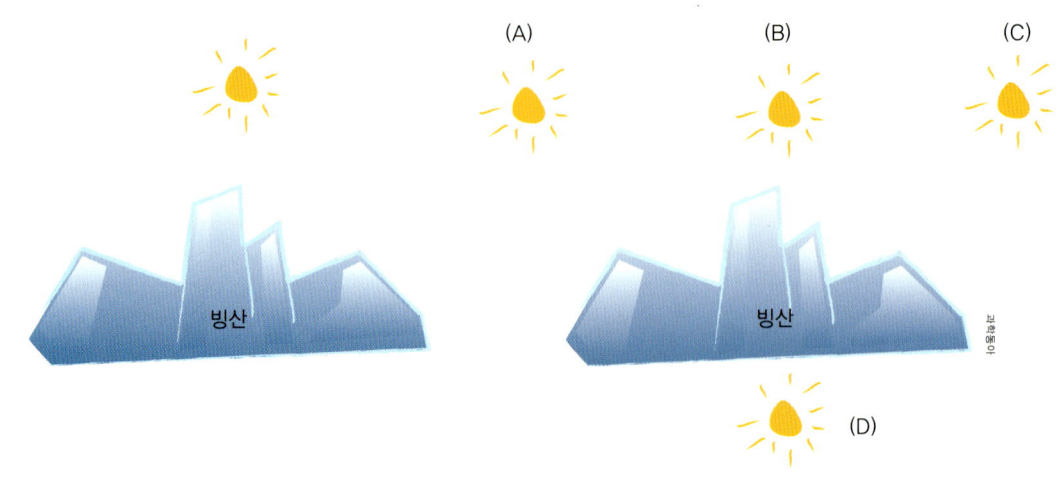

QUESTION 18-2

문제 18-1에서 오늘 정오 해는 어디에 있을까?

QUESTION 18-3

문제 18-1에서 빙산이 녹거나 변하지 않는다고 가정할 때 6개월 뒤 정오 해는 어디에 있을까?

ANSWER 18-1 정답은 (A).

8장을 참고하라. 이 문제에서 '북위 89도인 지역에서' 대신 '북극에서'를 대입하면 약간 논란의 여지가 있다. 그 이유는 북극에서 모든 방향이 남쪽이기 때문에, 즉 천문학적으로 정오를 정의할 수 없기 때문이다. 물론 북위 89도 지역에서는 해가 남중했을 때를 정오라고 하여 아무 문제가 없다.

ANSWER 18-2 정답은 (B).

오늘 정오가 되면 해가 어제 정오의 위치로 다시 돌아오게 되기 때문이다. 물론 아주 작은 고도의 차이가 생기지만 눈으로는 구분이 어렵다.

ANSWER 18-3 정답은 (D).

북극에서 어느 날 정오 해가 지평선 위에 있었으면 6개월 뒤 정오에는 반드시 땅 밑에 있게 되기 때문이다.

EXERCISE

18-1
(O× 문제) 옆 쪽의 문제 18-1에서 '북위 89도' 대신 '남위 89도'를 대입해도 정답은 변하지 않는다. ( )

18-2
(O× 문제) 옆 쪽의 문제 18-2에서 '북위 89도' 대신 '남위 89도'를 대입해도 정답은 변하지 않는다. ( )

18-3
(O× 문제) 옆 쪽의 문제 18-3에서 '북위 89도' 대신 '남위 89도'를 대입해도 정답은 변하지 않는다. ( )

적도상의 관측자와 해의 시운동

적도($\phi=0°$)상의 관측자에 대한 해의 시운동은 그림과 같다. 물론 그림의 춘분, 하지, 추분, 동지라는 말은 북반구(우리나라)상의 관측자를 기준으로 정의된 말들이다. 천구의 적도가 천정을 지나며 자오선에 직교하는 대원이라는 사실을 떠올리면 그림을 이해하는 데 별 어려움은 없을 것이다.

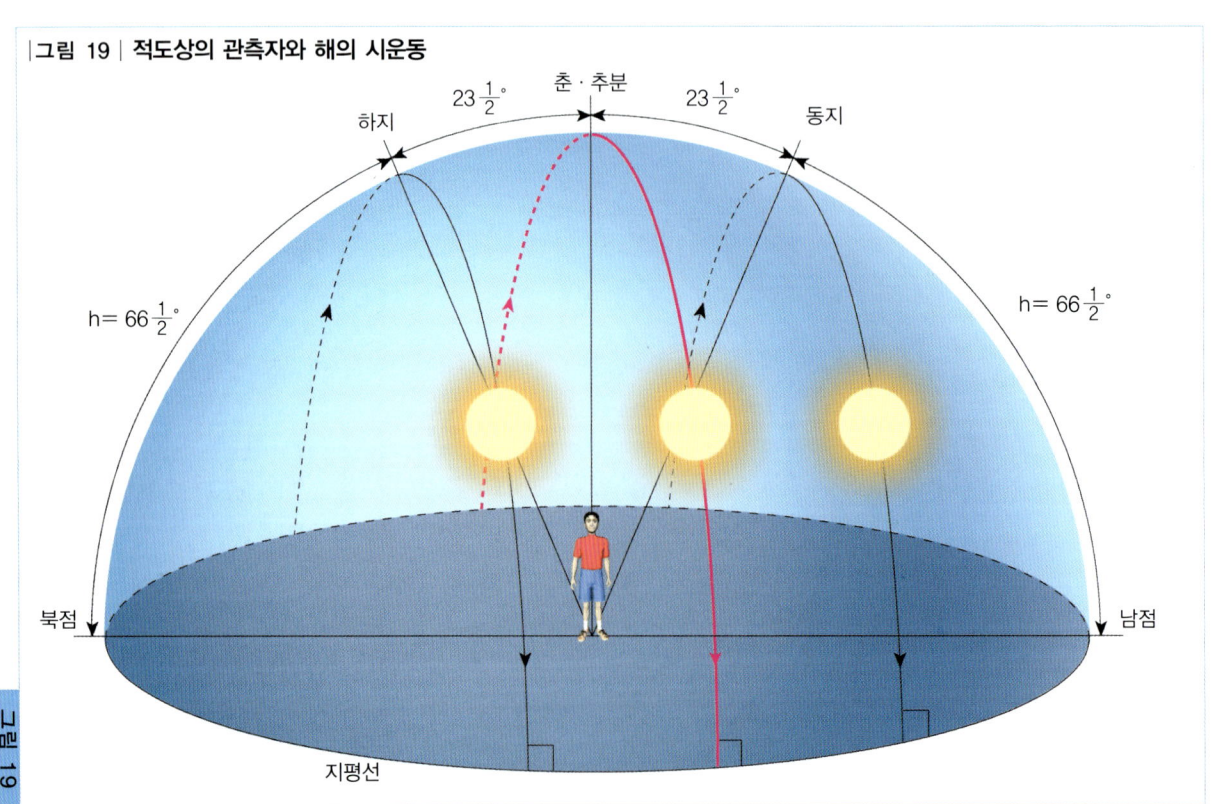

| 그림 19 | 적도상의 관측자와 해의 시운동

QUESTION 19-1

적도 지방에서 하지인 어제 정오에 해가 아래 그림의 (E) 위치에 떠 있었다. 어제 오전 10시 해의 위치에 가장 가까운 곳은?

QUESTION 19-2

문제 19-1에서 야자수가 죽거나 변하지 않는다고 가정할 때 1달 뒤 정오 해는 어디에 있을까?

QUESTION 19-3

문제 19-1에서 만일 주어진 그림이 어제 오전 7시 동쪽 하늘의 모습이라면 어제 오전 10시 해의 위치는?

QUESTION 19-4

(○× 문제) 적도상의 관측자가 볼 때 하짓날 정오 해의 고도는 $66\frac{1}{2}°$이다.

QUESTION 19-5

(○× 문제) 적도상의 관측자가 볼 때 하짓날 해는 동점에서 $23\frac{1}{2}°$ 더 북쪽인 지점에서 뜬다.

ANSWER 19-1 정답은 (F).

그림들은 북쪽 하늘의 모습이기 때문이다.

ANSWER 19-2 정답은 (B).

1달 뒤 정오 해의 고도는 더 높아야 하기 때문이다.

ANSWER 19-3 정답은 (B).

해가 수직으로 뜨기 때문이다.

ANSWER 19-4 정답은 (O).

해는 하짓날 정오 북점에서 고도가 $66\frac{1}{2}°$ 인 지점에 있다.

ANSWER 19-5 정답은 (O).

하짓날 해의 적위는 $\delta = 23\frac{1}{2}°$ 이므로 천구의 적도로부터 역시 $23\frac{1}{2}°$ 떨어진 지점에 있기 때문이다.

EXERCISE

19-1
(O× 문제) 적도 지방에서 1년 중 낮이 가장 긴 날은 춘·추분, 하지, 동지 중 하지이다.　　　　　　　　　　　　　　　　　　(　)

19-2
(O× 문제) 적도상의 관측자가 볼 때 동짓날 정오 해의 고도는 $66\frac{1}{2}°$ 이다.
　　　　　　　　　　　　　　　　　　　　　　　　(　)

19-3
(O× 문제) 적도상의 관측자가 볼 때 동짓날 해는 서점에서 $23\frac{1}{2}°$ 더 남쪽인 지점으로 진다.　　　　　　　　　　　　　　　(　)

해와 달과 별

"우주에는 뭐가 있어요" 하고 어린이들이 물어올 때 저자는 언제나 "해, 달, 별이 있단다" 같이 대답한다. 과학적으로도 틀리다고 할 수 없을 뿐더러 유치원 아이들까지도 이해할 수 있는 명쾌한 대답이기 때문이다.

해, 달, 별 같이 아름답고 순수한 우리말이 살아 있다니 정말 다행이라는 생각이 든다. 한 해, 두 해, …, 하는 해가 바로 하늘의 해요, 한 달, 두 달, …, 하는 달이 바로 하늘의 달이다. 즉 지구가 해를 한 바퀴 공전하는 데 걸리는 시간이 한 해요, 달이 지구를 한 바퀴 공전하는 데 걸리는 시간이 한 달인 것이다. 한 바퀴 완전히 돌면 왜 각도로 360도라고 할까. 바로 지구가 해를 공전하는 데 약 365일 걸리는 데에서 비롯된 것이다.

이렇게 멋진 '해'라는 이름을 두고 굳이 '태양'이라고 불러야 하는지 생각해 볼 일이다. 옛날 달을 부르던 '태음'이라는 말이 완전히 사라진 것을 생각하면 더욱 그렇다.

해의 지름은 지구보다 약 100배 크지만 달은 약 4분의 1밖에 안 된다. 따라서 해는 달보다 약 400배 더 크다. 그런데 지구에서 보면 해와 달은 크기가 지름이 각도로 약 $\frac{1}{2}°$ 정도로 거의 같다. 아마 온 은하계를 다 뒤져도 행성을 공전하는 위성과 행성이 공전하는 별의 크기가 비슷한 경우는 찾기가 쉽지 않을 것이다. 그래서 조선 왕조 임금님 뒤의 병풍에서 해와 달은 동등한 대접을 받게 되었다.

이는 물론 지구로부터 해가 달보다 약 400배 멀리 있기 때문이다. 달까지는 빛의 속도로 1.2초 정도면 도달하지만 해까지는 약 1.2초 × 400 = 480초 = 8분 정도 걸린다. 따라서 지구에서 달 표면을 걷는 우주인과 생방송으로 연결해도 문제가 없지만 해 근처에 가 있는 우주인과는 바로바로 통화할 수가 없다. 적어도 16분은 기다려야 답신이 오기 때문이다.

지구의 엄마, 해

해는 우리 인류의 역사나 문화와 떼어 놓고 생각할 수 없다. 시계방향은 어디서 왔을까. 바로 북반구 지역에서 하루 종일 그림자가 돌아가는 방향이다. 만일 인류 문화가 남반구에서 주도되었다면 시계방향은 틀림없이 반대로 정의되었을 것이다. 한 바퀴 완전히 돌면 왜 각도로 360도라고 할까. 바로 지구가 해를 공전하는 데 365일이 걸리는 데에서 비롯된 것이다. 따라서 1년은 12달이 될 수밖에 없다(360÷30=12). 우리의 손가락, 발가락이 모두 10개씩인데도 불구하고 일상생활에서 12진법이 심심찮게 사용되는 것도 이 때문이다.

만일 해가 서쪽에서 떠서 동쪽으로 졌어도 인류 역사는 달라졌을 것이다. 서양 사람들은 해가 뜨는 곳을 오리엔트(Orient)라고 부르며 동경해 마지 않았는데, 오리엔트는 나중에 동양을 일컫는 말이 되었다. 하늘에 해가 두 개였어도 인류 역사는 달라졌을 것이다.

해는 천문학적으로 노랑별에 속한다. 우리 눈은 노란빛에 가장 예민하게 반응하는데, 이는 인류가 노란 햇빛을 쬐면서 진화했기 때문이다. 이에 반해 사진 필름은 보통 파란빛에 민감하다. 단풍 사진들이 우리 눈으로 본 것보다 더 푸르스름하게 나와서 덜 아름답게 보이는 것도 바로 이것 때문이다. 작은 천체 망원경으로 관측해 보면 노란 해의 표면 여기저기에 퍼져 있는 흑점들을 발견할 수 있다. 여기서 주의 사항은 절대로 망원경을 직접 들여다봐서는 안 된다는 사실이다. 반드시 해를 종이에 투영시켜 보거나 짙은 색 필터를 끼고 봐야 한다.

해는 우리 지구로부터 약 1억5천만km 떨어져 있다. 즉 지구 공전 궤도의 반지름이 약 1억5천만km라는 말이다. 따라서 초속 30만km라는 어마어마한 속도로 여행하는 빛도 지구로부터 해까지 가려면 8분 정도 걸린다. 우리 지구로부터 두 번째 가까운 별까지는 빛으로 가면 얼마나 걸릴까. 놀랍게도 4년이 조금 더 걸린다. 별들은 해에 비하면 정말 멀리 있는 것이다.

천문학을 연구하기 위해서 별을 실험실로 가져올 수는 없으므로 가까이 있는 해야말로 기가 막히게 훌륭한 교재가 아닐 수 없다. 우리가 해를 잘 이해하면 별을 잘 이해한 것과 다름이 없는 것이다. 해는 전형적인 작은 별로 반지름은 약 70만 km, 지구 반지름의 약 100배에 달한다. 단지 점들처럼 보이는 **흑점**들도 사실은 크기가 우리 지구와 엇비슷하다.

해의 질량은 200…(0이 모두 27개)…00톤이나 되어 지구 질량보다 무려 30만 배 가까이 크다. 그리고 표면 온도는 6000℃ 정도에 이르러 그 속에서는 모든 물질이 녹을 수밖에 없다. 흑점은 온도가 4000℃ 정도 되는, 주위보다 온도가 낮은 지역으로 해의 활동이 활발해지면 그 수도 증가한다. 흑점은 약 11년을 주기로 그 수가 증감하는데, 흑점이 많아지면 폭발 현상이 나타나 통신에 장애를 주게 된다. 해의 중심 부분 온도는 무려 1500만℃나 된다. 이렇게 온도가 높기 때문에 '핵융합'이라는 과정을 거쳐 엄청난 에너지를 생성할 수 있고, 그래서 해는 비로소 빛나게 되는 것이다.

∞ **흑점**
해와 흑점, 큰 흑점은 지구보다 크다.
(대전시민천문대 제공)

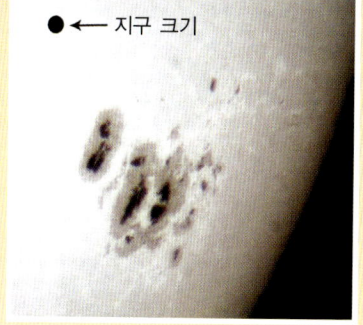

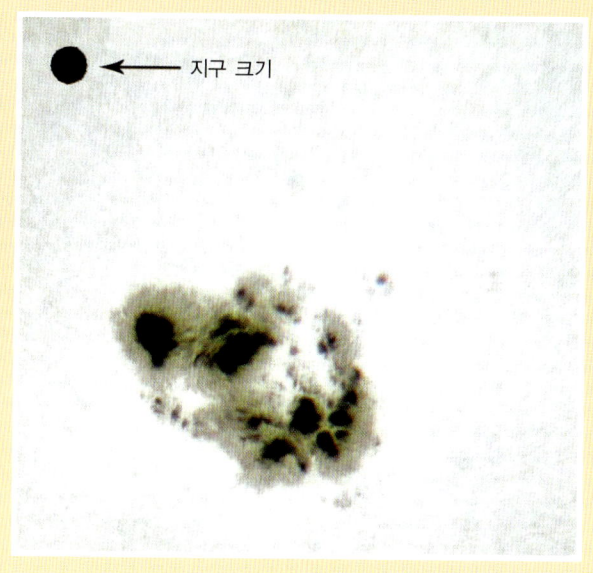

북반구상의 관측자와 해의 시운동

북반구($0° < \phi < 90°$)상의 관측자가 볼 때 해는 춘분 때 정동에서 떠서 정서로 지지만 그 후 매일 북쪽으로 조금씩 이동하여 하지 때는 거의 북동쪽에서 떠서 북서쪽으로 지게 된다. 그렇다고 해서 하지 때 해가 정동 방향보다 $23\frac{1}{2}°$ 더 북쪽으로 이동한 지점에서 뜨는 것은 아니다. 해는 $23\frac{1}{2}°$보다 더 북쪽으로 올라가 뜨게 되는데(왜 그런지 생각해 보자) 그 각 크기의 계산은 매우 어려우므로 여기서는 생략한다. 하지를 지나 δ값이 감소함에 따라 해는 서서히 남쪽으로 내려와 추분 때는 다시 정동에서 떠서 정서로 진다. 그리고 그 날 해는 천구의 적도를 따라 운행하는 것처럼 보인다. 해는 그 후 계속 남쪽으로 더 내려와 동지 때는 거의 남동쪽에서 떠서 남서쪽으로 지게 된다.

정오 무렵 해의 고도(남중고도)는 일상생활에서 매우 중요한 역할을 한다. 건축에서의 일조권 문제만 생각해 봐도 남중고도는 꼭 알고 있어야 할 상식임을 깨닫게 된다. 북반구상 위도가 ϕ인 지점에서 해의 남중고도는 춘·추분 때는 $h = 90° - \phi$, 하지 때는 $h = 90° - \phi + 23\frac{1}{2}°$, 동지 때는 $h = 90° - \phi - 23\frac{1}{2}°$가 된다.

여기서 우리는 매우 중요한 공식 하나를 도출할 수 있다. 즉 위도가 ϕ인 관측자에 대하여 적위가 δ인 천체의 남중고도 h는 $h = 90° - \phi + \delta$로 주어진다는 사실이다. 예를 들어, $\phi = 37°$인 우리나라 중부 지방의 경우 하지 때 해의 남중고도는 $h = 90° - 37° + 23\frac{1}{2}° = 76\frac{1}{2}°$이고, 동지 때 해의 남중고도는 $h = 90° - 37° - 23\frac{1}{2}° = 29\frac{1}{2}°$이며, 춘·추분 때 남중고도는 $h = 90° - 37° = 53°$가 된다. 따라서 남향집의 경우 겨울 햇살이 여름 햇살보다 더 집안 깊이 들어오게 되는 것이다.

또한 춘·추분 때는 낮과 밤의 길이가 같지만 하지 때는 낮이, 동지 때는 밤이 더 길다는 사실도 깨달을 수 있다. 북반구 중에서도 북극에 가까운 지방은 하지 근처의 밤이 매우 짧게 된다. 이 경우에는 밤에도 해가 바로 지평선 아래에 있어 캄캄하지 않게 되는데, 이를 백야라고 부른다.

|그림 20| **북반구상의 관측자와 해의 시운동**

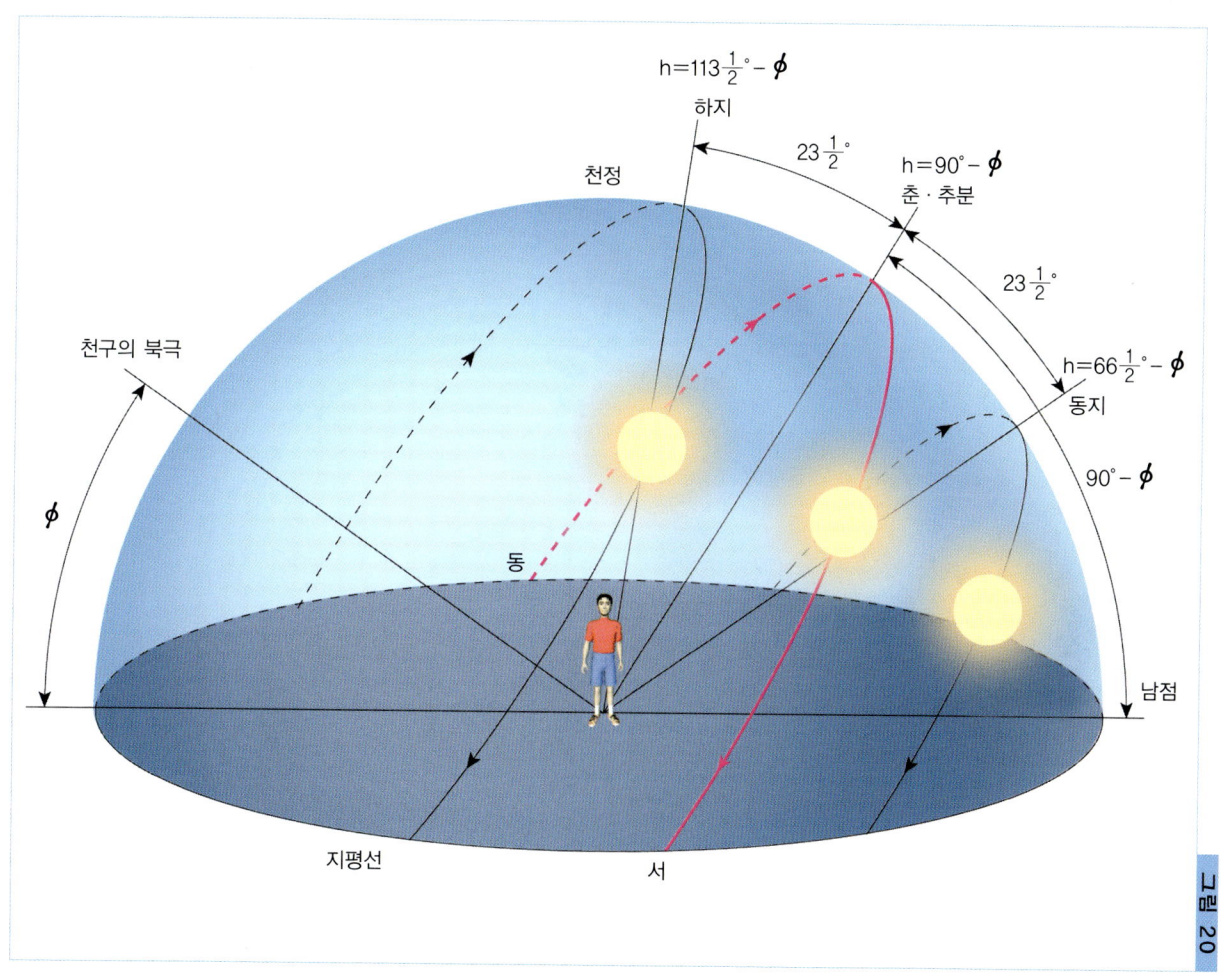

북반구상의 관측자와 해의 시운동

QUESTION 20-1

하지인 어제, 해가 아래 왼쪽 그림처럼 동산에서 떠올랐다. 오늘 아침에 해가 뜬 위치에 가장 가까운 그림은?

어제 해의 위치 　　　　(A)　　　　　　(B)　　　　　　(C)

QUESTION 20-2

문제 20-1에서 한 달 전에는 해가 어떻게 떴을까?

QUESTION 20-3

문제 20-1에서 한 달 후에는 해가 어떻게 뜰까?

QUESTION 20-4

문제 20-1에서 어제가 하지가 아니고 춘분이었다면 문제 20-2의 답은?

QUESTION 20-5

문제 20-1에서 어제가 하지가 아니고 춘분이었다면 문제 20-3의 답은?

ANSWER 20-1 정답은 (A).

해가 뜨는 곳이 매일 조금씩 변하기는 하지만 하루만에는 별로 표가 나지 않기 때문이다.

ANSWER 20-2 정답은 (C).

하지 한 달 전에는, 즉 5월에는 틀림없이 해가 더 남쪽에서 떴을 것이다. 우리는 동쪽을 바라보고 있으므로 그림에서 오른쪽이 남쪽이 된다.

ANSWER 20-3 정답은 (C).

하지 한 달 후, 즉 7월에도 해는 더 남쪽에서 뜨기 때문이다.

ANSWER 20-4 정답은 (C).

춘분 때 해는 정동 방향에서 뜨지만 한 달 전에는, 즉 2월에는 정동 방향보다 남쪽에서 뜨기 때문이다.

ANSWER 20-5 정답은 (B).

한 달 후에는, 즉 4월에는 해는 정동 방향보다 북쪽에서 뜬다.

EXERCISE

20-1 (O× 문제)
현충일 해는 정동 방향보다 더 북쪽에서 뜬다. ( )

20-2 (O× 문제)
한글날 해는 정서 방향보다 더 남쪽으로 진다. ( )

20-3 (O× 문제)
엄밀하게 말해 추분 전날 해는 정동보다 더 남쪽에서 뜬다. ( )

20-4 (O× 문제)
엄밀하게 말해 추분 다음날 해는 정동보다 더 남쪽에서 뜬다. ( )

20-5 (O× 문제)
엄밀하게 말해 동지 전날 해는 정동보다 더 남쪽에서 뜬다. ( )

20-6 (O× 문제)
엄밀하게 말해 동지 다음날 해는 정동보다 더 남쪽에서 뜬다. ( )

# Chapter twenty-one
motion of the sun and moon

달의 시운동 I

　　　달의 공전 궤도면은 지구 공전 궤도면과 거의 일치하여 5° 정도 밖에 차이가 나지 않는다. 따라서 천구상에서 달이 지나가는 길 **백도**는 황도와 거의 일치한다.

　　　달은 지구의 자전 방향(서→동)과 같은 방향으로 약 $27\frac{1}{3}$ 일을 주기로 지구를 공전한다. 따라서 달은 하루에 약 $360° ÷ 27\frac{1}{3} = 13°$ 나 공전하게 된다. 즉 달은 천구의 백도에서 매일 약 13° 씩 동진하여 다음날 약 4분 × 13=52분 늦게 뜬다. 예를 들어 오늘밤 달이 9시에 떴다면 내일 밤에는 9시 52분쯤 뜬다.

　　　즉 달은 천구의 일주운동 때문에 동쪽에서 떠서 서쪽으로 지지만 달 자신의 공전운동은 이를 거슬러 동쪽으로 가고 있는 것이다. 따라서 달의 공전 주기가 만일 하루보다 짧다면 달은 서쪽에서 떠서 동쪽으로 져야 한다.

| 그림 21 | 달의 공전

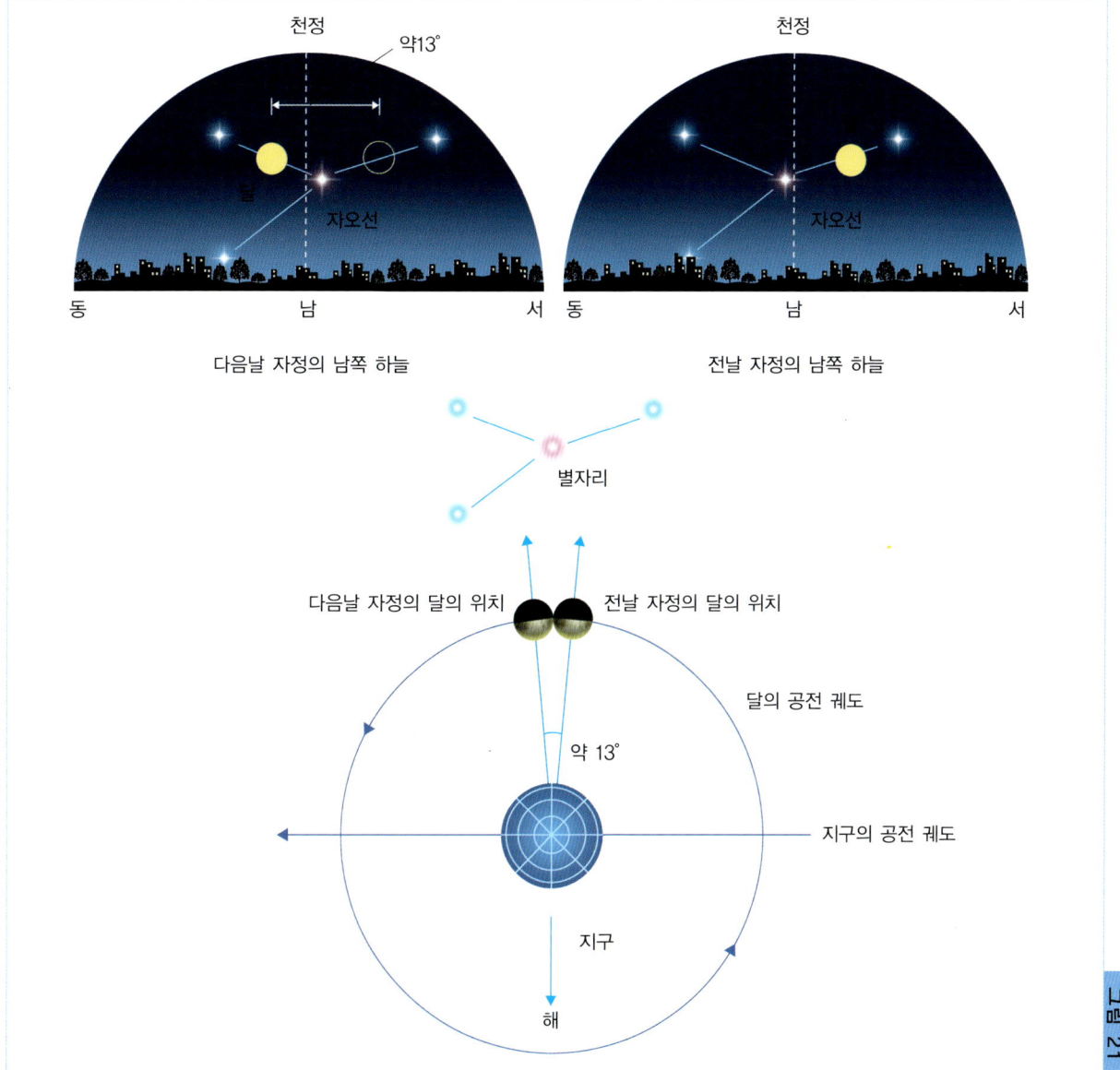

75 달의 시운동 I

QUESTION 21-1

어젯밤 21시 남쪽 하늘에 달이 아래의 왼쪽 그림처럼 위치하고 있었다. A, B, C 중 어젯밤 22시 달의 위치에 가장 가까운 곳은?

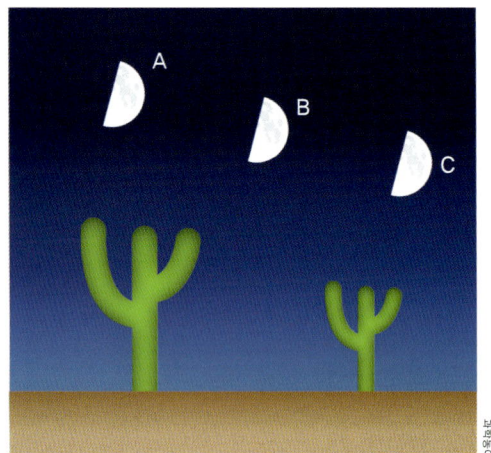

QUESTION 21-2

문제 21-1에서 오늘 밤 21시 달의 위치는?

QUESTION 21-3

문제 21-1에서 오늘 밤 22시 달의 위치는?

QUESTION 21-4

(O× 문제) 만일 달의 공전 주기가 3일로 줄어들면 달은 서쪽에서 뜬다.

ANSWER 21-1 정답은 (C).

천구의 일주운동 때문에 달은 1시간에 15°씩 하늘에서 이동해야 하기 때문이다. 달의 겉보기 지름이 각도로 약 $\frac{1}{2}°$라는 사실을 고려하면 달 지름의 약 30배 이동해 있어야 한다.

ANSWER 21-2 정답은 (A).

달은 어젯밤 21시보다 약 52분 늦게 떠서 더 동쪽에 있기 때문이다.

ANSWER 21-3 정답은 (B).

오늘 밤 22시에는 21시의 위치에서 서쪽으로 15° 더 회전했으므로 어제 21시 위치에 거의 와 있을 것이기 때문이다.

ANSWER 21-4 정답은 (X).

달의 공전 주기가 3일로 빨라져도 지구의 자전 주기보다 여전히 작으므로 달은 동쪽에서 떠야 한다.

EXERCISE

21-1

어젯밤 21시 밝은 세 별을 배경으로 달이 오른쪽 그림에서 (B)에 있었다. 어젯밤 20시 달의 위치에 가장 가까운 곳은? (   )

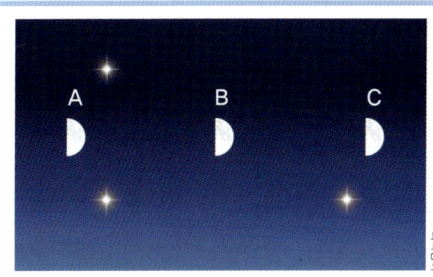

21-2

위의 문제 21-1에서 오늘 밤 21시 달의 위치는? (   )

21-3

(O× 문제) 만일 달의 공전 주기가 6시간으로 줄어들면 달은 서쪽에서 뜬다. (   )

달의 표면

해는 맨눈으로 볼 수 없지만 달은 얼마든지 볼 수 있다. 달의 표면에는 밝은 부분과 어두운 부분이 구분되어 보인다. 밝은 부분은 신록이나 높은 고원 지대이고 어두운 부분은 우리가 '바다'라고 부르는 낮은 지역이다. 그렇지만 바다라고 해서 물로 채워져 있는 것은 아니다. 달의 남반구에는 많은 구덩이가 몰려 있고 북반구에는 많은 바다가 펼쳐져 있다.

북

남

해와 달과 별이 뜨고 지는 원리 **78**

우리 민족이 만들어낸 최초의 SF는 아마 떡방아를 찧으며 달에 사는 토끼 이야기일 것이다. 관심만 가지면 맨눈으로도 잘 보이는 이 토끼의 모습을 한 번도 보지 않은 사람이 너무 많다. **보름달** 때 유심히 관찰하여 토끼 맞은 편에 있는 '절구'까지 꼭 확인하여 보기 바란다. 상현달 때에는 토끼 쪽 절반이, 하현달 때에는 절구 쪽 절반이 보이게 된다.

북

남

Chapter twenty-two
motion of the sun and moon

달의 시운동 II

달은 언제나 여러 가지 모양으로 위상이 변하는데 이에 따라 출몰시각도 바뀐다. **초승달**은 초저녁 서쪽 하늘에 낮게 떠 있다가 곧 지고, 상현달은 초저녁 중천에 떠 있다가 자정쯤 진다. **하현달**은 정반대로 자정쯤 떠올라 새벽에 중천에 높이 떠 있다. **그믐달**은 새벽에 해가 솟기 직전에 떠 곧 여명 속으로 사라진다.

| 그림 22-1 | 달의 위상 변화

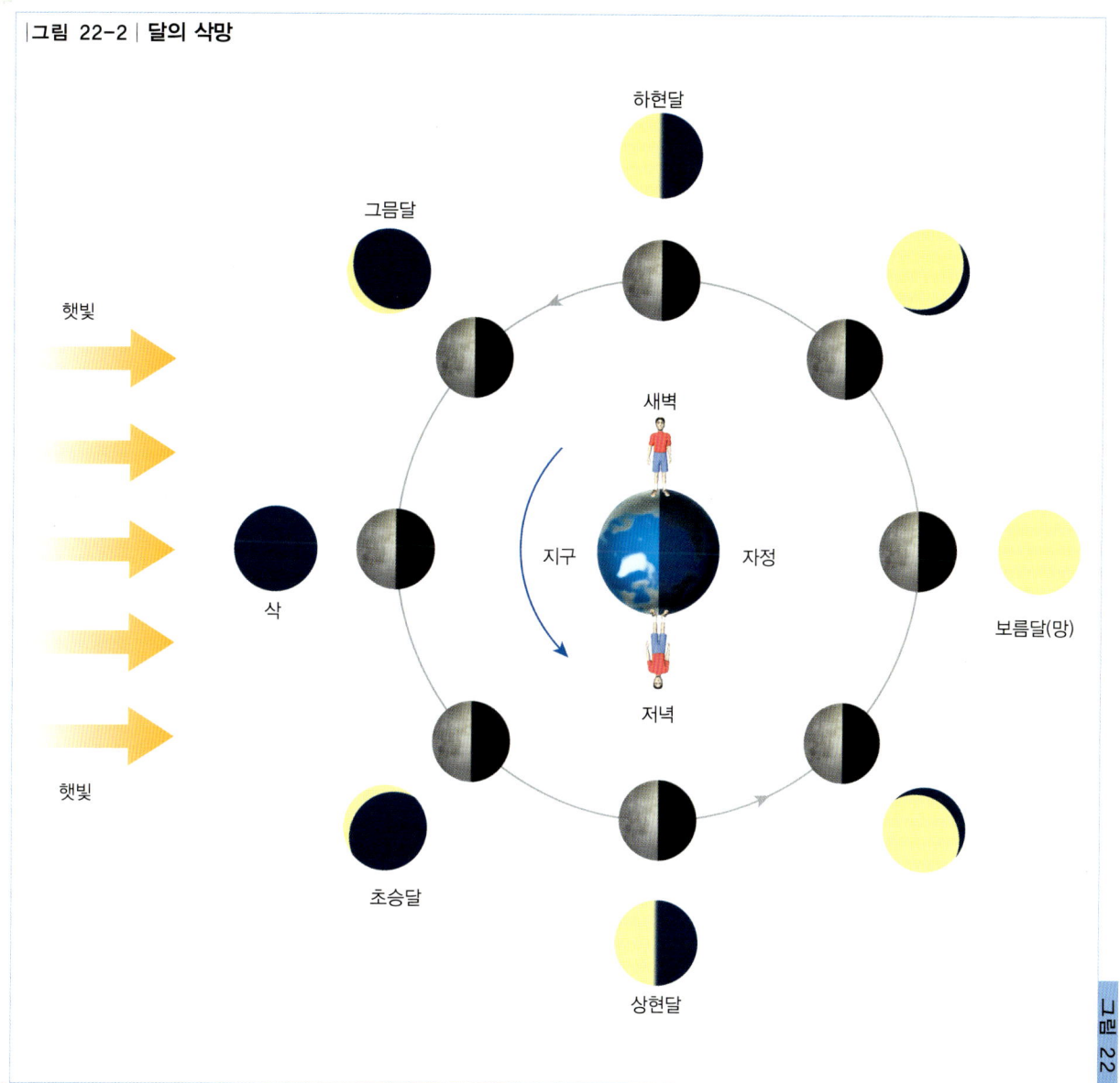

|그림 22-2| 달의 삭망

QUESTION 22-1

오늘 초저녁 남쪽 하늘에 달이 그림처럼 떠 있었다면 A, B, C 중 오늘 자정 달의 위치에 가장 가까운 곳은?

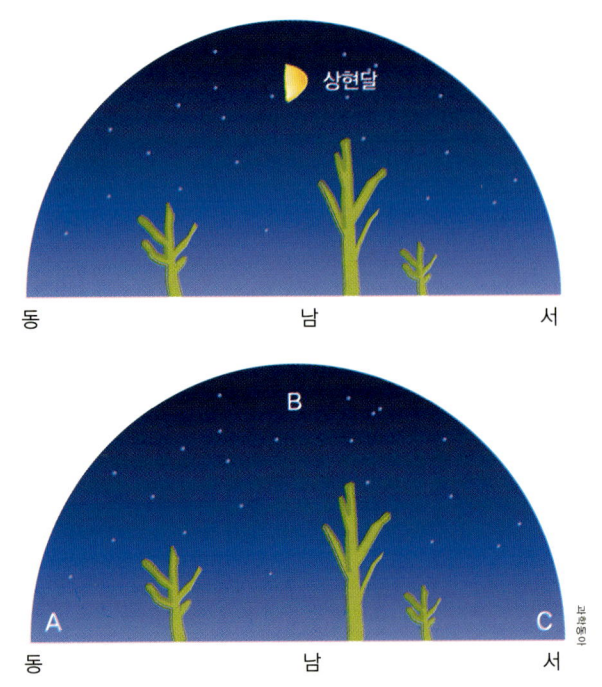

QUESTION 22-2

문제 22-1에서 4일 전 초저녁 달의 위치는?

QUESTION 22-3

문제 22-1에서 4일 후 초저녁 달의 위치는?

ANSWER 22-1 정답은 (C).

달은 천구의 일주운동 때문에 1시간에 약 15°씩 동에서 서로 이동하기 때문이다. 하지만 달의 모양은 눈으로 봐서 변하지 않는다.

ANSWER 22-2 정답은 (C).

달은 매일 평균 52분씩 더 늦게 뜨고 지기 때문이다. 즉 4일 전 달은 오늘보다 52분 × 4 ≒ 208분, 즉 3시간 이상 일찍 졌기 때문에 초저녁에 서쪽 하늘에 있었어야 했다. 물론 모양은 초승달이었다.

ANSWER 22-3 정답은 (A).

물론 4일 후 달의 모습은 보름달에 가까울 것이다.

EXERCISE

22-1
(O× 문제) 상현달이 지는 시각은 초저녁, 자정, 새벽 중 자정에 가장 가깝다.
( )

22-2
(O× 문제) 하현달이 지는 시각은 새벽, 정오, 초저녁 중 정오에 가장 가깝다.
( )

22-3
(O× 문제) 상현달, 보름달, 하현달 중 밤새 내내 떠 있는 달은 보름달이다.
( )

별들의 여왕, 달

　많은 사람들이 낮에는 해가 뜨고 밤에는 달이 뜨는 것으로 알고 있는데, 이는 잘못된 고정 관념이다. 물론 해는 항상 낮에 뜨지만, 달은 새벽, 오전, 오후, 저녁, 한밤중, …, 아무 때나 뜨고 진다. 예를 들어 눈썹 모양의 초승달은 초저녁달이다. 따라서 두 검객이 자정에 만나 결투를 하는 영화 장면이나 깊은 밤을 배경으로 한 삽화에 초승달이 등장해서는 안 된다. 이처럼 잘못 인용되는 달의 모습을 우리 주위에서 얼마든지 발견할 수 있다.

　서양인들에게는 낮은 신이 지배하고 밤은 악마가 지배한다는 통념이 있다. 따라서 그들에게는 자연히 밤의 상징인 달이 그리 달갑지 않은 존재가 될 수밖에 없었다. 특히 보름달은 서양인들에게 거의 공포의 상징처럼 되어 있다. 예를 들어, 13일 금요일에 보름달까지 뜨게 되면 적지 않은 사람들이 외출을 나가지 않을 정도다. 귀신이나 유령이 나타나는 것, 또는 사람이 늑대로 변하는 것 모두 보름날 밤에 이루어진다.

　여기에 반해 동양에서 보름달은 아주 좋은 이미지를 간직하고 있다. 도깨비나 귀신들 또한 달이 없는 밤에나 활동하지 감히 보름달이 뜬 밤에는 나오지 못한다. 초승달과 반대 방향으로 휘어진 모양의 그믐달은 새벽 해가 뜨기 직전 조금 먼저 떴다가 곧 여명 속으로 사라진다. 그래서 그믐달은 동양에서 유일하게 인상이 좋지 않은 달로 자리잡고 있다. 비운의 주인공들이 그믐달에 자주 비유되는 이유는 바로 이 때문이다.

◐ D자 모양의 상현달. 검은 바다 부분이 영락없이 거꾸로 매달린 토끼처럼 보인다. (대전시민천문대 제공)

PART 3   EXERCISE 풀이

motion of the sun and moon

EXERCISE 15-1   **정답은 (O).** 미국은 우리나라가 낮이면 밤, 우리나라가 밤이면 낮일 수밖에 없다.

15-2   **정답은 (X).** 미국은 우리나라와 같이 북반구에 있으므로 우리나라와 계절이 같아야 한다.

EXERCISE 16-1   **정답은 (X).** 황도와 천구의 적도는 $23\frac{1}{2}°$로 교차한다.

16-2

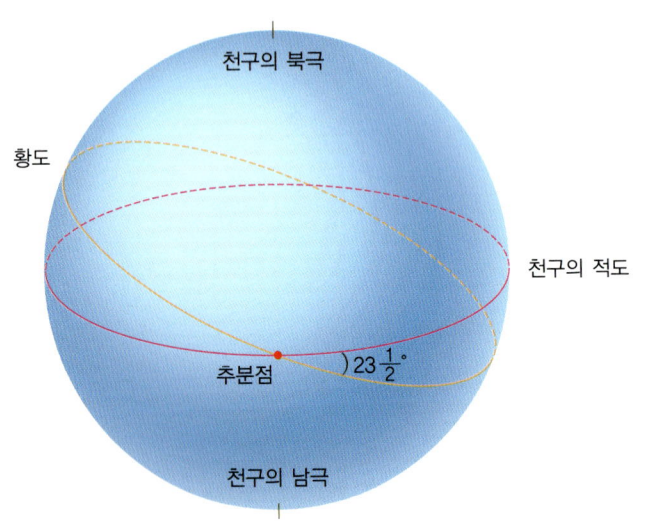

EXERCISE 17-1   **정답은 (O).** 춘분점 근처의 별이다.

EXERCISE 18-1   **정답은 (X).** 정답은 (C)이다.

18-2   **정답은 (O).** 정답은 여전히 (B)이다.

EXERCISE 18-3		**정답은 (O)**. 정답은 여전히 (D)이다.
EXERCISE 19-1		**정답은 (X)**. 적도 지방에서는 항상 낮과 밤의 길이가 같다.
	19-2	**정답은 (O)**. 하짓날도 마찬가지이다.
	19-3	**정답은 (O)**. 해는 아침에도 동점에서 $23\frac{1}{2}°$ 더 남쪽에서 뜬다.
EXERCISE 20-1		**정답은 (O)**. 현충일, 즉 6월 6일은 춘분과 추분 사이에 있기 때문이다.
	20-2	**정답은 (O)**. 한글날, 즉 10월 9일은 추분과 춘분 사이에 있기 때문이다.
	20-3	**정답은 (X)**. 정동보다 북쪽에서 뜬다.
	20-4	**정답은 (O)**. 위 문제와 반대이다.
	20-5	**정답은 (O)**. 동지를 전후해서는 남쪽에서 뜬다.
	20-6	**정답은 (O)**. 동지를 전후해서는 남쪽에서 뜬다.
EXERCISE 21-1		**정답은 (A)**. 달은 시간이 지나면 서진하기 때문이다.
	21-2	**정답은 (A)**. 달은 매일 13° 씩 동진하기 때문이다.
	21-3	**정답은 (O)**. 지구 자전 주기보다 빠르기 때문이다.
EXERCISE 22-1		**정답은 (O)**. 상현달은 정오 무렵 떠서 초저녁 하늘 높이 떠 있다.
	22-2	**정답은 (O)**. 하현달은 자정 무렵 떠서 새벽 하늘 높이 떠 있다.
	22-3	**정답은 (O)**. 보름달은 해가 질 때 떠서 해가 뜰 때 진다.

M O T I O N   O F   C E L

4
PART FOUR

천체의 운동
STIAL BODIES

오늘날 우리가 사용하는 달력은 해와 달을 기준으로 만들어진 것들이다.
내행성은 지구에서 볼 때 해를 중심에 두고 일정한 주기로 동서로 왕복운동을 한다.
외행성은 천구상에서 동쪽으로 순행하다가 가끔 서쪽으로 역행하기도 한다.
별들은 계절에 무관하게 1년 내내 볼 수 있는 주극성, 반대로 1년 내내 보이지 않는 전몰성,
계절에 따라 뜨고 지는 출몰성으로 나뉜다.

23 일식

Chapter twenty-three
motion of celestial bodies

일식은 해와 지구 사이에 달이 들어가서 해를 가리는 현상이다. 지구에서 볼 때 해와 달은 크기가 비슷하여 일식 현상은 매우 흥미롭게 나타난다.

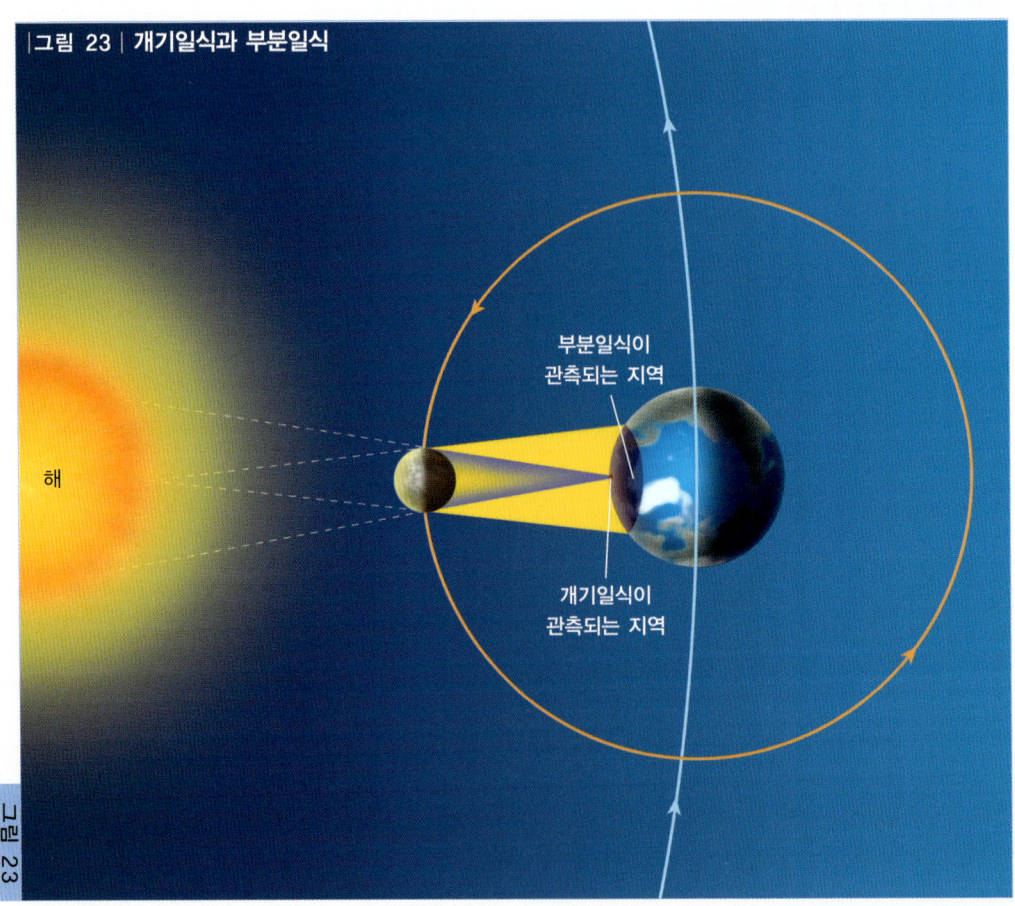

| 그림 23 | 개기일식과 부분일식

황도와 백도가 완전히 일치하지 않기 때문에 일식은 드물게 일어나 지구 전체에서 1년에 2~3회 볼 수 있다. 우리나라는 위도가 높아서 거의 구경하기가 어렵고 그나마 일어난다고 해도 달이 해를 완전히 가리는 **개기일식**이 아니라 **부분일식** 정도이다. 때로는 달이 완전히 해를 가리지 못해 해 주위가 반지처럼 보이는 **금환일식**이 일어나기도 한다. 개기일식과 금환일식은 짧은 시간 동안 일어나지만 부분일식은 몇 시간씩 이어지는 것이 보통이다.

일식은 달이 서쪽에서 동쪽으로 해를 가리며 지나가는 형태로 진행되는데, 이는 물론 달의 공전 운동 때문이다.

QUESTION 23-1

(O× 문제) 일식은 보름달 때 일어날 수도 있다.

ANSWER 23-1 정답은 (X).

일식은 달이 해와 지구 사이에 들어가야 하므로 그믐 때만 일어나게 된다.

EXERCISE 23-1

(O× 문제) 달도 엄밀히 말해서 지구로부터 멀어졌다 가까워졌다 하는데 이는 달이 타원을 그리면서 지구를 공전하기 때문이다. 금환일식은 달이 지구에 가까이 접근했을 때 일어나는 일식이다. ( )

Chapter twenty-four
motion of celestial bodies

월식

달이 지구의 그림자 속에 들어가 달의 일부 또는 전부가 가려지는 현상이 **월식**이다. 가려진 부분은 붉은 색을 띠게 되는데, 달의 일부가 가려졌으면 **부분월식**, 전부가 가려졌으면 **개기월식**이라고 한다. 지구 그림자의 크기가 달보다 약 7배나 크기 때문에 개기월식이나 부분월식 모두 일식보다는 상대적으로 더 오래 지속된다.

QUESTION 24-1

(O× 문제) 일식이 일어난 후 일주일 이내에 월식이 일어나는 일은 가능하다.

ANSWER 24-1 정답은 (X).

왜냐하면 일식은 그믐 때 일어나지만 월식은 보름 때 일어나기 때문이다.

EXERCISE 24-1

(O× 문제) 금환월식은 일어날 수 없다. ( )

월식은 달이 지구 그림자를 서쪽에서 동쪽으로 지나가면서 일어나게 되는데 이는 물론 달의 공전 운동 때문이다.

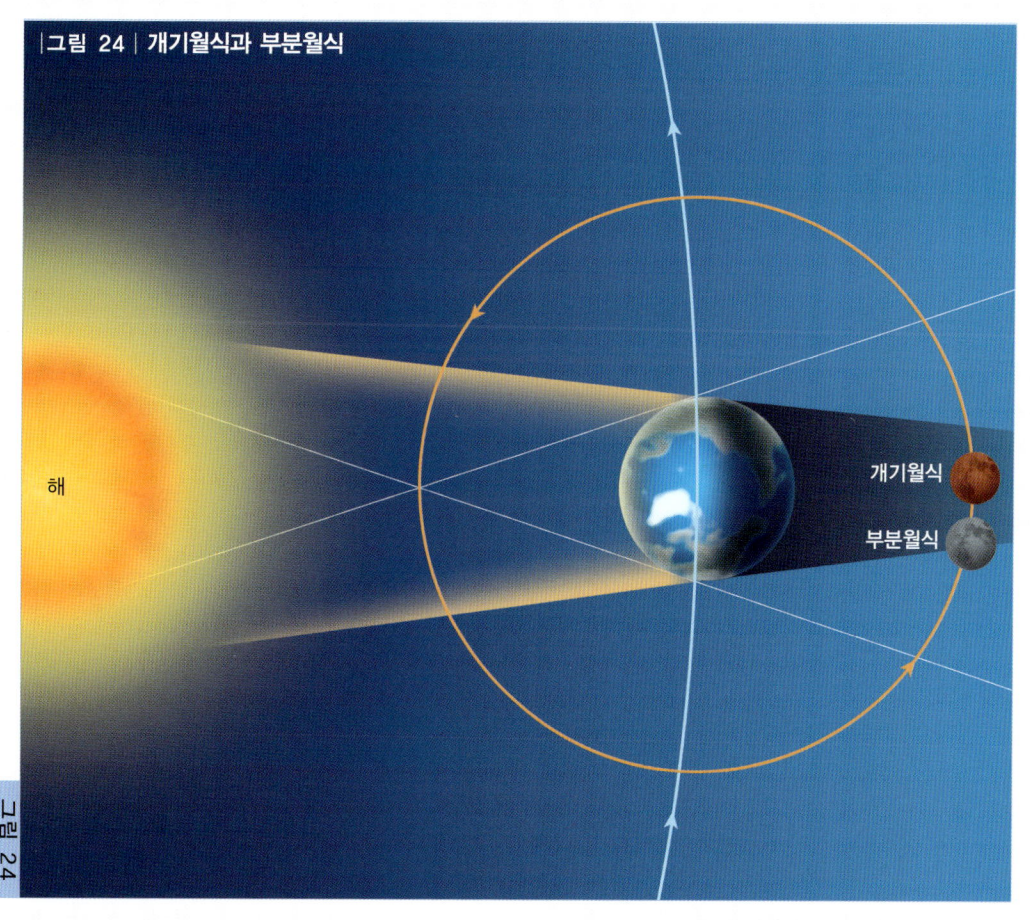

| 그림 24 | 개기월식과 부분월식

25 달력

Chapter twenty-five
motion of celestial bodies

오늘날 우리가 사용하는 **달력**은 해와 달을 기준으로 만들어진 것들이다.

삭망월이란 보름에서 다음 보름까지, 또는 다음 그믐에서 그믐까지 걸리는 시간, 즉 약 $29\frac{1}{2}$일을 말한다. **음력**은 삭망월을 기준으로 만들었기 때문에 1달의 길이는 29일이나 30일이 된다. 달의 실제 공전 주기인 약 $27\frac{1}{3}$일은 **항성월**이라고 부른다. 태양일과 항성일의 경우와 마찬가지로 삭망월은 항성월보다 길다.

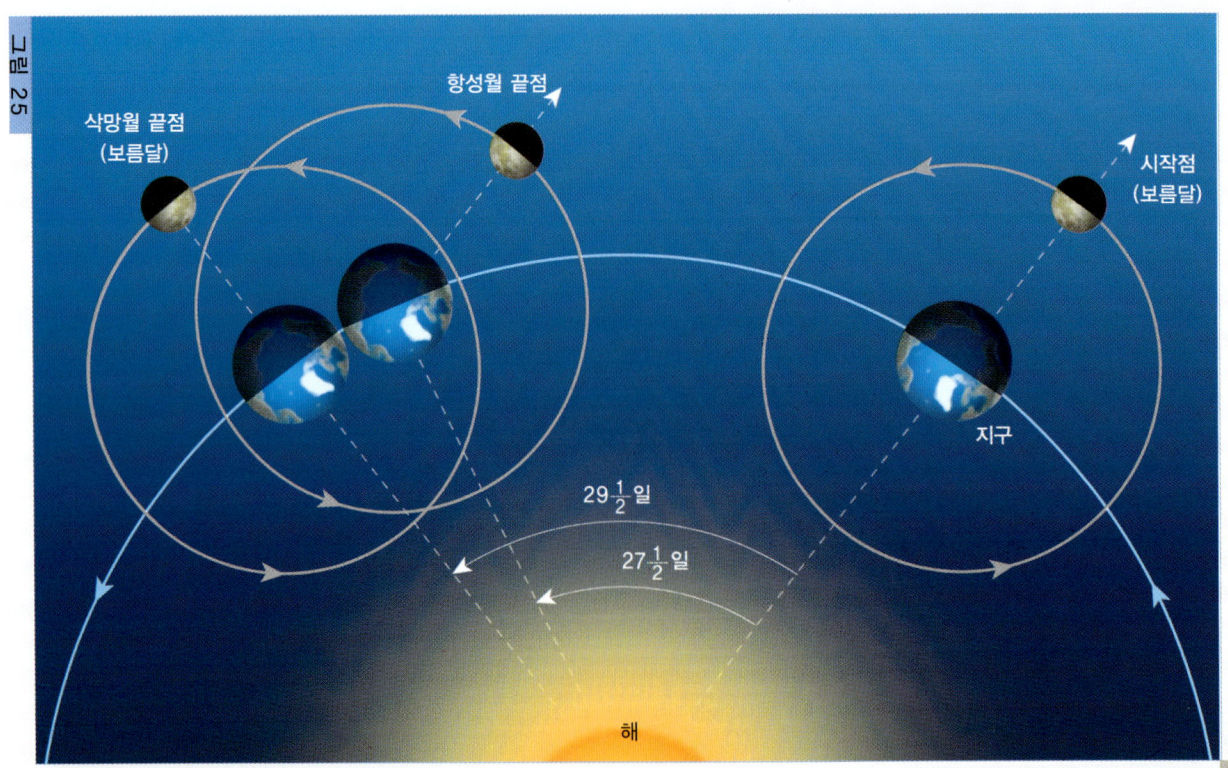

| 그림 25 | 삭망월과 항성월

양력은 해를 기준으로 만들어져 있어서 계절의 변화와 잘 일치한다. 양력에서는 지구의 공전 주기가 약 $365\frac{1}{4}$일이기 때문에 1년이 365일인 **평년**을 세 번 계속 보낸 후에 1년이 366일인 **윤년**을 둔다. 즉 서기 연도가 4로 나누어 떨어지는 해를 윤년으로 하는 것이다. 하지만 실제로는 1년이 $365\frac{1}{4}$일보다는 조금 짧아, 400년에 3번은 윤년이 빠져야 된다. 그래서 서기 연도가 100의 배수인 해는 평년으로 하되 동시에 400의 배수일 때만 윤년으로 하고 있다.

QUESTION 25-1

(O× 문제) 서기 1900년은 평년이다.

QUESTION 25-2

(O× 문제) 서기 2000년은 윤년이다.

ANSWER 25-1 정답은 (O).

1900은 4의 배수이지만 동시에 100의 배수이기 때문이다.

ANSWER 25-2 정답은 (O).

2000은 100의 배수이지만 동시에 400의 배수이기 때문이다.

EXERCISE 25-1

(O× 문제) 서기 2100년은 윤년이다.   (   )

# Chapter twenty-six
motion of celestial bodies

행성의 시운동 I

태양계를 이루는 작은 천체 중 해를 공전하는 우리 지구와 같은 것들은 행성이라고 부른다. 지금까지 밝혀진 행성은 수성, 금성, 지구, 화성, 목성, 토성, 천왕성, 해왕성, 명왕성 등 9개가 있다. 행성은 스스로 빛을 내지는 못하지만 햇빛을 반사하여 우리 눈에는 마치 별처럼 보인다. 따라서 우리가 밤하늘에 보이는 별을 말할 때는 행성도 포함되는 것이지만 천문학에서는 보통 '별'이라고 부를 때에는 행성을 포함시키지 않는다.

지구에서 해까지의 거리를 1천문단위(AU, Astronomical Unit)라고 하는데 이 거리는 약 1억5천만km에 해당된다. 수성과 금성은 해로부터 각각 약 0.39AU, 0.72AU 만큼 떨어져 있다. 그런데 행성이 해에서 멀어지면 멀어질수록 그 거리는 급격히 늘어나서 명왕성의 경우는 해로부터 40AU 정도 멀리 떨어져 있다.

행성들은 언제나 황도 근처에서 발견된다. 이는 우리 태양계가 거의 한 평면상에서 이루어져 있기 때문이다. 즉 행성들은 황도 12궁 근처에만 위치할 수 있지, 예를 들어 북두칠성 옆으로는 갈 수 없다는 뜻이다. 행성들도 천구의 일주운동에 따라 매일 뜨고 지지만, 몇 달 동안 관측해 보면 행성들이 천구상을 이동한다는 것을 알 수 있다. 행성의 시운동을 공부할 때 가장 먼저 알아야 될 것은 행성은 한 자리에 머물지 않는다는 사실이다. '행성'이라는 이름도 여기서 유래된 것이다. 따라서 '목성은 가을철에 보인다'라는 식으로 말할 수 없다.

행성 중 지구보다 해에 더 가까운 수성과 금성을 **내행성**이라고 하고 지구보다 해에서 더 멀리 떨어져 있는 화성, 목성, 토성, 천왕성, 해왕성, 명왕성을 **외행성**이라고 한다. 행성이 해와 같은 방향에 있을 때를 우리는 **합**이라고 한다. 내행성의 경우에는 해의 앞에 있을 수도 있고 뒤에 있을 수도 있는데, 앞의 것을 **내합**, 뒤의 것을 **외합**이라고 부른다. 어느 경우이든지 내행성은 보이지 않는다.

| 그림 26 | **행성의 합과 충**

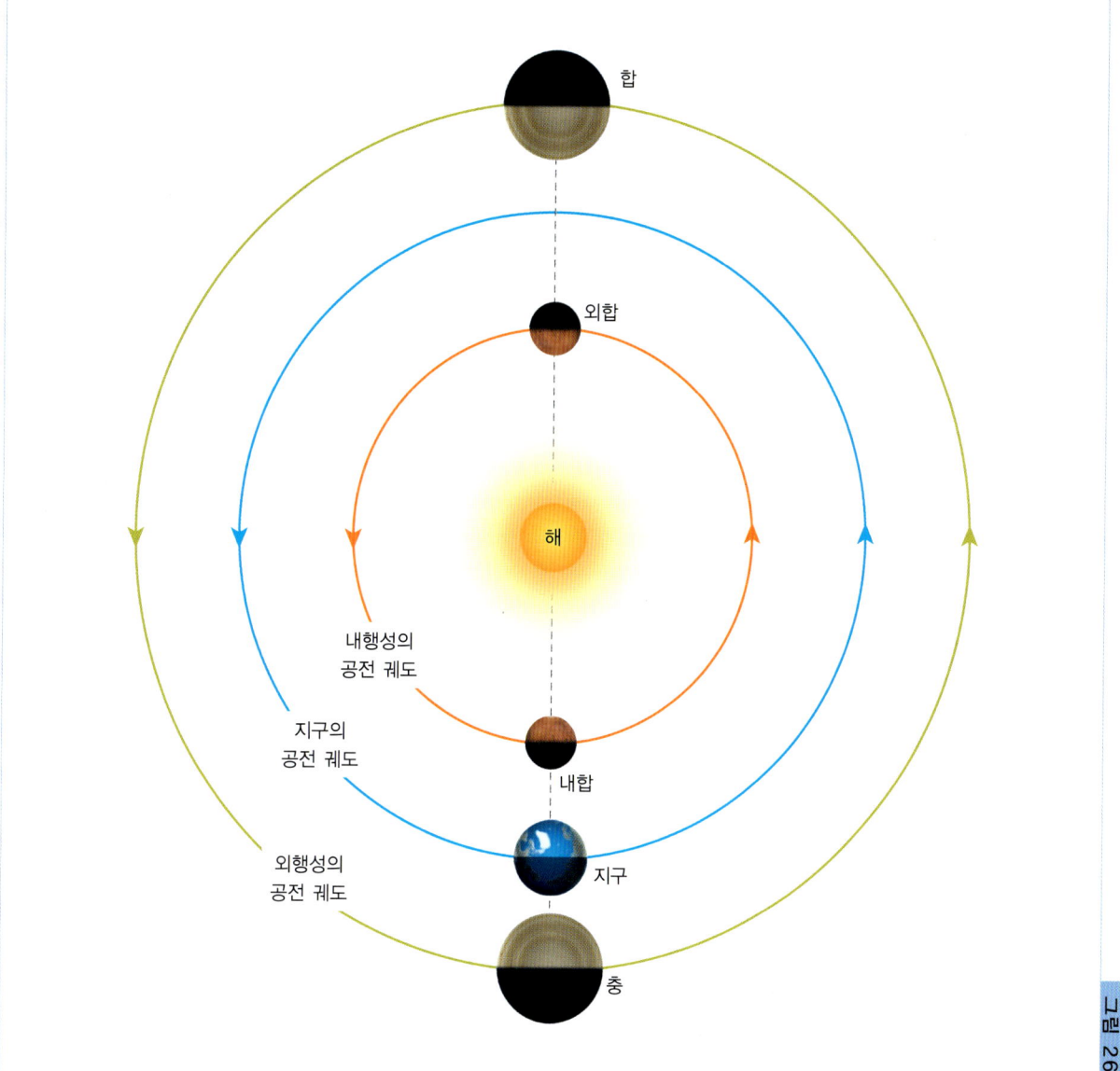

외행성의 경우에는 합 외에도 지구에 가장 접근하는 **충**도 있다. 충일 때 외행성은 지구에 가까울 뿐 아니라 자정 무렵 남중하기 때문에 좋은 관측 기회가 된다. 지구에서 보았을 때 한 행성이 합이었다가 다시 합이 될 때까지, 또는 충이었다가 다시 충이 될 때까지를 그 행성의 **회합 주기**라고 한다. 여기서 물론 내행성의 경우는 내합(외합)에서 다음 내합(외합)까지를 의미한다. 회합 주기가 가장 짧은 행성은 공전 주기가 가장 짧은 수성이고, 가장 긴 행성은 지구보다 공전 주기가 길며 비슷한 화성이다.

QUESTION 26-1

(O× 문제) 회합 주기가 가장 짧은 행성은 수성이다.

ANSWER 26-1 정답은 (O).

수성은 공전 주기가 가장 짧기 때문이다.

EXERCISE 26-1

(O× 문제) 회합 주기가 가장 긴 행성은 명왕성이다.

( )

행성의 이름

해와 달은 물론 **수성, 금성, 화성, 목성, 토성** 등 5개의 행성은 맨눈으로도 잘 보이기 때문에 동서양에서 독자적으로 연구되어왔다. 따라서 음양오행설에 기반을 두어 명명된 수성, 금성, 화성, 목성, 토성 등의 이름은 영어의 머큐리(Mercury), 비너스(Venus), 마르스(Mars), 주피터(Jupiter), 새턴(Saturn) 등과 아무런 상관이 없다. 사실 근세 이전에는 동서양의 천문학 중 어느 쪽이 더 훌륭했다고 말하기 어렵다. 하지만 천체 망원경이 서양에 등장한 이후 천문학의 주도권은 서양으로 넘어가게 된다. 그리하여 천체 망원경으로 발견된 **천왕성, 해왕성, 명왕성**은 서양에서 붙여진 이름인 우라누스(Uranus), 넵튠(Neptune), 플루토(Pluto)를 직역한 이름을 갖게 되는 것이다.

우리 눈에 해, 달, 별이 뜨고 지는 것처럼 보이기 때문에 지구를 우주의 가운데라고 생각한 것은 원시시대나 고대에서 지극히 자연스러운 일이었다. 이 우주를 우리는 흔히 천동설 우주라고 부르고 현재 우리가 알고 있는, 해가 가운데에 있고 지구가 다른 행성들과 함께 공전하는 우주를 지동설 우주라고 부른다. 하지만 이 이름도 조금 혼동을 준다. 하늘과 땅(지구)으로 나누기보다는 해와 지구로 구분했어야 더 의미가 정확하다. 즉 일동설, 지동설이 천동설, 지동설보다는 과학적이라는 이야기다. 영어로 지오센트릭(geocentric) 우주는 천동설 우주를 의미하고, 헬리오센트릭(heliocentric) 우주는 지동설 우주를 의미한다는 사실에도 유의하자. 즉 지구(geo)가 중앙에 있으니까 천동설, 해(helio)가 중앙에 있으니까 지동설이라는 이야기다.

27 Chapter twenty-seven
motion of celestial bodies

행성의 시운동 Ⅱ

내행성은 지구에서 볼 때 해를 중심에 두고 일정한 주기로 동서로 왕복운동을 한다. 그러나 공전 궤도의 크기가 상대적으로 작기 때문에 해로부터 일정한 각거리 이상 멀어질 수 없는데, 그 한계가 되는 각을 **최대이각**이라고 한다. 내행성이 해의 동편, 서편에 있을 때의 최대이각을 각각 **동방최대이각**, **서방최대이각**이라고 한다.

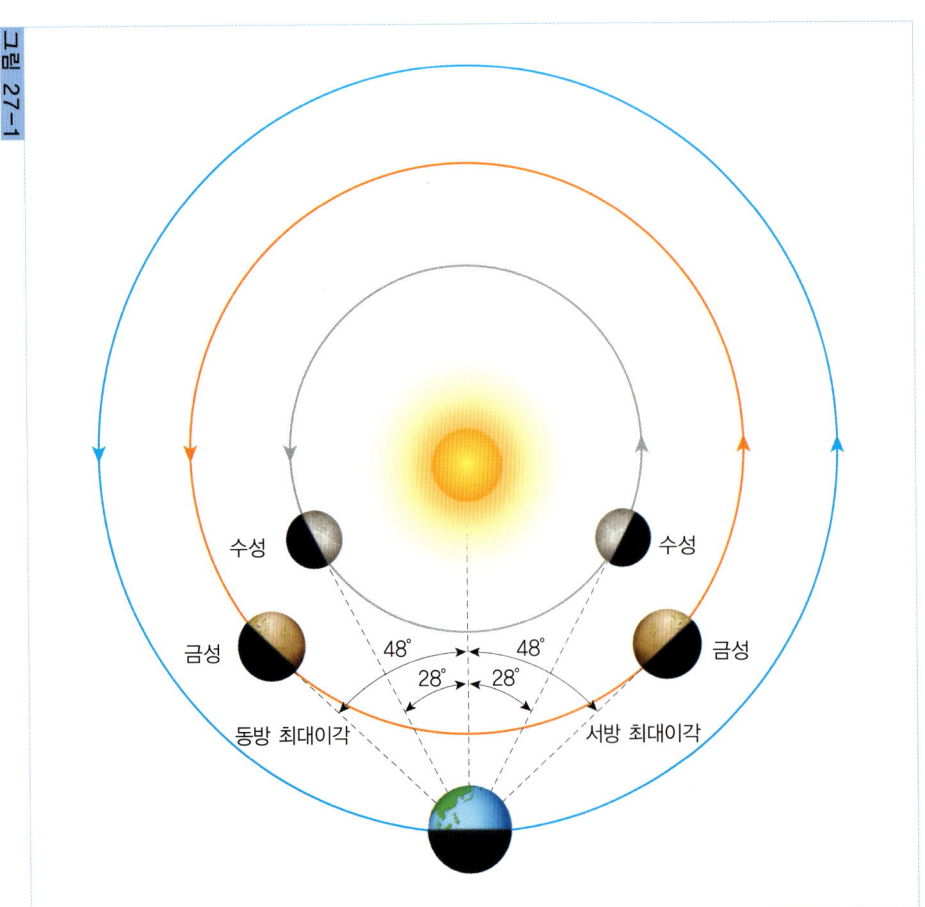

| 그림 27-1 | 내행성의 최대이각

예를 들어 금성이 동방최대이각의 위치에 있을 경우 어떻게 관측될 것인지 알아보자. 금성은 해의 동쪽(동방)에 있으므로 새벽에 해보다 늦게 떠오를 것이며 따라서 새벽에는 보이지 않을 것이다. 그러나 그 날 저녁 금성은 해보다 나중에 지게 되어 저녁놀 속에서 아름답게 빛날 것이다. 마찬가지로 서방최대이각의 위치에 가까이 있을 경우에 내행성은 새벽별이 되는 것이다.

행성들의 궤도는 원에 가깝기 때문에 동방최대이각과 서방최대이각은 대개 같고, 수성의 경우에는 약 28°, 금성의 경우에는 약 48°가 된다. 그림27-2(다음 쪽)에서 금성이 동방최대이각을 가질 때 마침 저녁달인 초승달과 서편 하늘에 같이 보이는 모습으로 묘사되어 있다.

여기서 금성의 위치가 지는 해의 바로 위가 아니라 왼쪽 상단이라는 사실에 주의해야 한다. 왜냐하면 우리나라에서 볼 때 황도는 기울어져 있기 때문이다. 내행성은 절대로 한밤중에 보일 수 없다는 사실에도 주의해야 한다. 왜냐하면 내행성은 지구를 중심으로 해의 반대편 쪽으로 갈 수 없기 때문이다.

금성의 공전 주기는 225일이고 회합 주기는 584일이다. 따라서 금성은 584일을 주기로 새벽에 보였다가, 안 보였다가, 저녁에 보였다가, 안 보이는 일을 되풀이하게 된다. 금성은 최대이각이 크고 매우 밝아서 찾기가 쉽다.

수성의 공전 주기는 88일이고 회합 주기는 116일이다. 따라서 수성은 116일을 주기로 새벽에 보였다가, 안 보였다가, 저녁에 보였다가, 안 보이는 일을 되풀이하게 된다. 하지만 수성은 최대이각이 작고 금성보다 흐려서 찾기가 어렵다.

|그림 27-2|

|그림 27-2| 금성의 동방최대이각

QUESTION 27-1

(O× 문제) 금성은 새벽에만 보인다.

ANSWER 27-1 정답은 (X).

금성은 저녁과 새벽에 보인다.

EXERCISE 27-1

(O× 문제) 수성은 새벽에만 보인다.

( )

미의 여신, 금성

금성은 흔히 샛별이라고도 불리는데 밤하늘에서 달 다음으로 밝게 보이는 천체다. 이 밝기는 견우성 같이 밝은 별보다 약 100배나 밝은 것이다. 특히 초승달이나 그믐달과 나란히 있는 금성의 모습은 아름답기 짝이 없다. 그리하여 금성은 초승달과 함께 다른 나라 국기에 많이 등장하기도 한다.

금성이 높이 뜨면 천문대에 귀찮은 일들이 생긴다. 많은 사람들이 금성을 UFO로 착각하고 전화를 하기 때문이다. 특히 캄캄한 시골의 밤하늘에서 보면 금성은 정말 밝게 보인다. 금성이 이렇게 밝게 보이는 이유는 두꺼운 대기층이 햇빛을 잘 반사하기 때문이다. 그러고 보면, 서양에서 미의 여신인 비너스(Venus)의 이름을 따서 금성을 부르는 것도 당연한 일이라고 여겨진다.

금성은 절대로 한밤중에 보일 수 없다. 왜냐하면 금성은 지구를 중심으로 해의 반대편 쪽으로 갈 수 없기 때문이다. 그리고 금성이 내합이나 외합일 때에도 우리 눈에는 보이지 않게 된다. 쌍안경을 가지고 봐도 금성은 달처럼 여러 가지 모습을 하고 있음을 알게 된다. 금성이 지구로부터 해보다 더 가까이 있으면 마치 초승달과 같은 모습을 하고 있고, 더 멀면 반달보다 조금 더 볼록한 모습을 하고 있다. 이는 물론 금성 표면 중 햇빛을 쬐는 부분만 우리 눈에 보이기 때문이다. 따라서 지구에서 봤을 때 금성이 동그랗게 보이는 일은 절대 없다.

미국과 구 소련에서는 많은 탐사선을 보내 금성에 대해서 꽤 많이 알게 되었다. 탐사선들이 보내온 금성 표면 사진을 보면 바다가 없고 고도변화가 완만한 산과 언덕들로 이루어졌다. 암석들은 구멍이 많이 나 있는 것으로 봐 화산 활동이 활발하다는 것을 유추할 수 있다.

비너스가 여신의 이름이어서 그런지 금성의 지형지물은 반드시 여자들의 이름을 따서 붙여지고 있다. 우리나라 여성으로는 '황진이'와 '신사임당'이 올라가 있다. 참고로 수성에는 우리나라 남성 '윤선도'와 '정철'이 올라가 있다.

금성의 대기는 95% 이상 이산화탄소로 이루어져 있다. 표면 온도는 500℃ 가량이나 되는데 이는 대기층이 두껍기 때문이다. 금성 대기의 높이는 약 65km에 이르고 상층부는 다시 2개의 구름 층으로 이루어져 있다. 이 구름 층은 거의 황산으로 이루어져 있다. 한마디로 금성은 지옥이나 다름없다고 생각하면 된다.

수성도 금성과 마찬가지로 지구보다 더 안쪽에서 해를 공전하기 때문에 달처럼 모양이 변해 보이기도 하고 한밤중에는 볼 수 없게 된다. 하지만 수성을 눈으로 찾기는 정말 어렵다. 수성은 달보다 약간 크며 대기와 물이 없다.

수성의 표면은 수많은 구덩이로 뒤덮여 있어 우리 지구의 달 표면과 거의 비슷하다. 크기도 비슷해서 수성은 달과 쌍둥이로 여겨도 문제가 없을 정도이다. 수성은 대기가 없어 구덩이들이 먼 우주에서도 선명하게 보인다. 수성의 적도 부근은 해가 높이 떠 있을 때 500℃까지 올라가지만 밤에는 영하 150℃까지 내려간다.

○ 대기를 제거한 금성 표면의 모습. (NASA 사진)

○ 짙은 구름에 싸인 금성의 모습. (NASA 사진)

28 행성의 시운동 Ⅲ

Chapter twenty-eight
motion of celestial bodies

　　외행성이 천구상에서 동쪽으로 이동하는 것을 **순행**, 서쪽으로 이동하는 것을 **역행**이라고 한다. 여기서 순행이란 행성이 실제로 공전하는 방향 그대로 우리 눈에 보인다는 뜻이고, 역행이란 행성의 공전 방향과 반대로 우리 눈에 보인다는 뜻이다. 외행성의 역행은 지구의 공전 각속도가 외행성의 공전 각속도보다 크기 때문에 일어나는 것이다. 순행에서 역행으로 또는 역행에서 순행으로 바뀔 때 행성이 천구상에서 잠시 정지하여 있는 것처럼 보이는 현상을 **유**라고 부른다.

　　화성의 공전 주기는 2년보다 조금 짧은 687일이고 회합 주기는 780일이다. 따라서 화성은 780일마다 충의 위치로 다가오고 역행하게 된다. 화성은 실제로도 붉게 보여 이름과 잘 어울린다.

　　목성의 공전 주기는 11.86년이고 회합 주기는 399일, 토성의 공전 주기는 29.46년이고 회합 주기는 378일이다.

QUESTION 28-1

(O× 문제) 화성은 자정 무렵 보일 수도 있다.

ANSWER 28-1 정답은 (O).

화성은 외행성이므로 충일 때에는 자정 무렵 높이 남중한다.

EXERCISE 28-1

(O× 문제) 올해는 목성이 겨울에 잘 보였다면 내년에는 여름에 잘 보일것 이다. 　　　　　　　　　　　　　　　　　　　( )

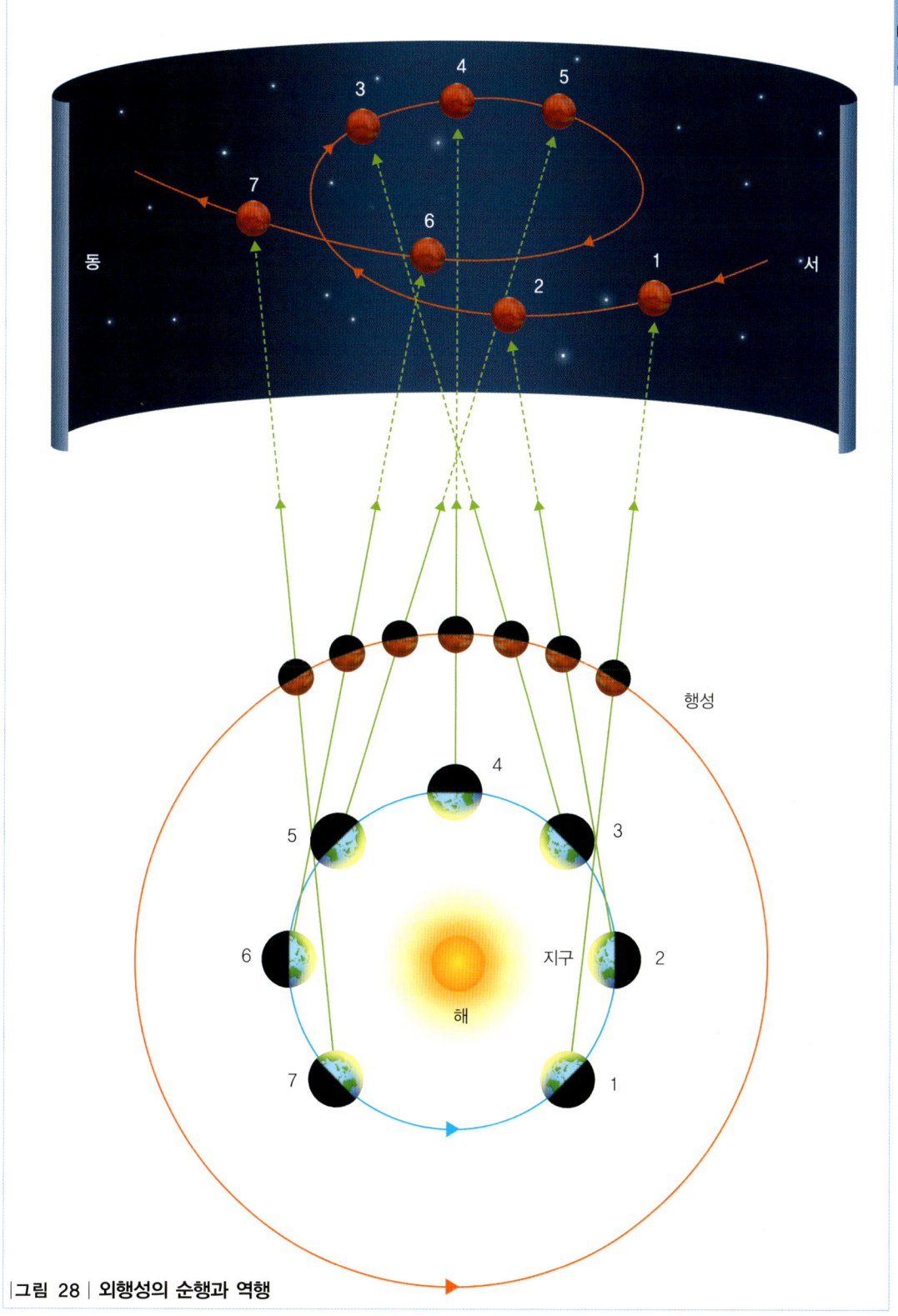

|그림 28| 외행성의 순행과 역행

전쟁의 신, 화성

화성은 왜 그렇게 끊임없이 화제에 오를까? 화성이 지구에 가장 가까이 접근할 수 있는 행성이어서 그렇다고 일부 언론에 보도된 바 있는데 그건 옳지 않다. 해로부터 지구까지의 거리를 1로 본다면 해로부터 금성까지의 평균거리는 0.72, 화성까지의 평균거리는 1.52가 된다. 따라서 우리 이웃 두 행성 중 금성이 화성보다 지구에 더 가까이 접근한다.

화성이 인류의 관심을 끌어 온 이유는 여러 면에서 지구와 너무 비슷하여 '제2의 지구'로 여겨졌기 때문이다. 화성의 하루는 약 24시간 40분으로 우리 지구의 경우보다 겨우 40분밖에 차이가 나지 않을 뿐 아니라, 공전 궤도면에 대한 자전축의 경사각도 24도로 우리 지구의 경사각 23.5도와 놀라울 만큼 비슷하다. 또한 희박하나마 대기도 존재하고 4계절의 변화가 지구에서 관측되기도 한다.

화성은 태양계의 네 번째 행성으로 지름은 지구의 0.53배이고 공전 주기는 687일이다. 탐사선들이 전송한 자료에 의하면 높이가 5~10km에 이르는 산들 사이로 평탄한 사막들이 자리잡고 있다. 표면이 붉게 보이는 이유는 산화철(즉, 녹이 슨 쇠) 성분이 많기 때문인데, 바다라고 불리는 낮은 지대에는 거무튀튀한 현무암 성분도 많은 것으로 알려졌다. 메마른 표면에는 대규모의 먼지 폭풍이 발생하여 퍼져나가는 것도 쉽게 관측된다. 대기가 희박하기 때문에 온도 변화가 심하여 계절에 따라 표면 모습이 바뀐다. 대기 성분 중 90% 이상은 이산화탄소이다.

그리고 반지름이 10km도 채 안 되는 두 개의 달은 화성의 적도면 근처에서 거의 원 궤도를 그리면서 공전한다. 그 중 포보스는 화성으로부터 9,380km의 거리에서 약 8시간을 주기로, 데이모스는 23,500km 떨어져서 약 30시간을 주기로 공전하고 있다. 화성 표면에서 보면 포보스는 서쪽에서, 데이모스는 동쪽에서 뜨게 된다.

육안으로 보면 화성은 이름 그대로 붉게 보인다. 영어 이름인 마르스(Mars) 또한 그리스 신화에 나오는 전쟁의 신이다. 네덜란드의 호이겐스(Huygens)는 1659년 최초로 망원경을 이용해 화성을 관측했는데 자전 주기가 약 24시간이라는 사실을 알아내었다고 한다. 그로부터 7년 뒤인 1666년 이탈리아의 카시니(Cassini)는 극관을 발견한다. 근세에 이르러 영국의 허셜(Herschel)은 화성의 극관이 얼음일지도 모른다는 주장을 내놓았다. 즉 화성에는 물이 있을지도 모른다는 생각이 처음으로 도입되었던 것이다. 극관을 관측한 결과 여름에는 작아지고 겨울에는 커지는 것이 이러한 생각을 뒷받침하게 된 것이다. 허셜은 화성의 궤도 경사각이 24도라는 사실도 알아낸다. 그러자 마침내 독일의 가우스(Gauss)는 눈으로 덮인 거대한 시베리아의 평원에 커다란 낙서를 해서 화성과 교신하자고 주장하기도 한다.

이탈리아의 스키아파렐리(Schiaparelli)가 1877년 약 40개의 줄무늬를 화성 표면에서 관측했다고 발표했다. 그런데 이것들을 '운하'라고 부르면서 나중에 재미있는 일들이 벌어지게 되었다. 화성인이 존재할지도 모른다는 생각을 가지게 된 미국의 로웰(Lowell)은 화성을 연구하기 위해 애리조나의 플랙스탭(Flagstaff)이라는 곳에 로웰 천문대를 세웠으며, 19세기말까지 적어도 160개가 넘는 '운하'를 찾아낸다.

로웰은 조선 말기 우리나라를 방문한 적도 있으며 '고요한 아침의 나라(the land of morning calm)'라는 말을 최초로 사용한 사람으로 알려져 있다. 로웰은 해왕성 밖의 새로운 행성을 찾는 일에도 매우 강한 집념을 보였지만 끝내 뜻을 이루지 못하고 세상을 떠났는데, 톰보우(Tombaugh)가 1930년 바로 로웰 천문대에서 명왕성을 발견하여 망자의 한을 풀어 주게 되었다.

○ 허블 망원경으로 촬영한 화성 표면.
얼룩진 붉은 표면과 함께 흰색의 극관이 보인다. (NASA 사진)

미인을 넷이나 거느린 목성

천체 망원경이 아니더라도 좋은 쌍안경만 있으면 목성의 달 네 개를 쉽게 볼 수 있다. 쌍안경의 시야에는 작고 둥근 금덩어리 같은 목성과 그 옆에 모래알만한 네 개의 달이 보인다. 이 네 개의 달은 1610년 이탈리아의 갈릴레이(Galilei)에 의해 처음으로 발견되었다. 이 '**갈릴레이의 달들**'은 그 후 목성에 가까운 것부터 이오(Io), 유로파(Europa), 가니메데(Ganimede), 칼리스토(Callisto)라고 차례로 이름지어졌는데 모두 제우스가 사랑했던 미인들을 가리킨다. 따라서 제우스(Zeus), 즉 목성은 영원히 네 애인을 주위에 거느리고 태양을 공전하게 된 것이다.

목성의 달은 아주 작은 것도 많기 때문에 전부 몇 개나 되는지 아직도 정확히 모르며 이미 발견된 것만 해도 50개가 넘는다. 거기에 비하면 갈릴레이의 달들은 워낙 커서 달로 취급받기에는 억울한 면이 없지 않다. 실제로 가니메데는 수성보다도 조금 더 크다.

쌍안경으로 봤을 때 수성만한 달들이 모래알만하게 보일 정도니 상대적으로 목성은 얼마나 큰지 짐작할 수 있다. 목성은 태양계 행성 중 가장 커서 그 지름이 수성의 약 28배, 지구의 약 11배나 된다. 그런데 그렇게 커다란 덩치에도 불구하고 자전 주기가 불과 9시간 50분밖에 되지 않는다. 이렇게 빠른 회전은 대부분 수소·헬륨의 유체로 만들어진 목성의 모습을 납작하게 만들고 있다. 이는 목성의 모든 사진으로부터 쉽게 확인될 수 있는데, 실제로 쌍안경으로만 봐도 목성은 타원 모습을 하고 있다.

목성은 태양계의 다섯 번째 행성으로 공전 주기가 11.86년에 이르며 궤도 반지름이 지구의 5.2배나 된다. 이렇게 지구로부터 멀리 떨어져 있음에도 불구

○ **슈메이커-레비 혜성의 폭격을 받은 목성.** (NASA 사진)

목성과 갈릴레이의 달들. (NASA 사진)

하고 표면이 햇빛을 잘 반사하고 크기 때문에 목성은 밝게 보이는 것이다.

시민천문대의 천체 망원경 등을 통해서 관찰해 보면 목성은 마치 커다랗고 붉은 눈을 하나 가지고 있는 것처럼 보인다. 지구보다 큰 이 타원 모양의 **대적반**은 허리케인과 같은 소용돌이 태풍인 것으로 믿어지고 있다. 대적반은 1672년 이탈리아의 카시니(Cassini)에 의해 발견된 이래 아직까지도 그 모습을 유지하고 있다. 이처럼 목성 표면은 태양계의 모든 행성 중에서 가장 뚜렷한 적갈색 줄무늬를 보여주고 있다. 목성은 태양과 마찬가지로 주로 수소·헬륨으로 구성되어 있기 때문에 내부 온도가 1500만℃를 넘기만 하면 당장이라도 태양처럼 빛날 수 있다. 따라서 목성은 '태어나지 못한 제2의 태양'이라고 말할 수 있다.

목성과 달들의 자세한 모습은 1979년 탐사선 보이저(Voyager)가 접근하면서 밝혀지기 시작했다. 보이저에 의해 더욱 자세히 알려진 갈릴레이의 달들은 수소·헬륨 유체로 구성되어 있는 목성과는 달리 암석으로 만들어져 있다. 목성은 1994년 슈메이커-레비(Shoemaker-Levy) 혜성의 핵이 21개로 갈라져서 차례로 충돌해 더욱 유명해졌다.

29 Chapter twenty-nine
motion of celestial bodies

별의 시운동 I

위도가 ϕ인 북반구상의 관측자는 $\delta > 90° - \phi$인 별들을 계절에 무관하게 1년 내내 볼 수 있다. 이 별들을 주극성이라 한다. 예를 들어, 우리나라에서는 북극성과 그 주위의 별들이 주극성이 된다. 반대로 $\delta < -(90° - \phi)$인 별들은 1년 내내 보이지 않는 전몰성이 된다. 예를 들어, 남십자성은 우리나라 관측자에 대해 전몰성이다.

QUESTION 29-1
(O× 문제) 북극상의 관측자에 대해서는 천구의 북반구 모든 별들이 주극성이 된다.

ANSWER 29-1 정답은 (O).
북극상의 관측자에 대해 별들은 뜨거나 지지 않기 때문이다.

EXERCISE 29-1
(O× 문제) 북극상의 관측자에 대해 천구의 남반구에 위치한 모든 별은 전몰성이 된다. ( )

| 그림 29 | 우리나라의 주극성

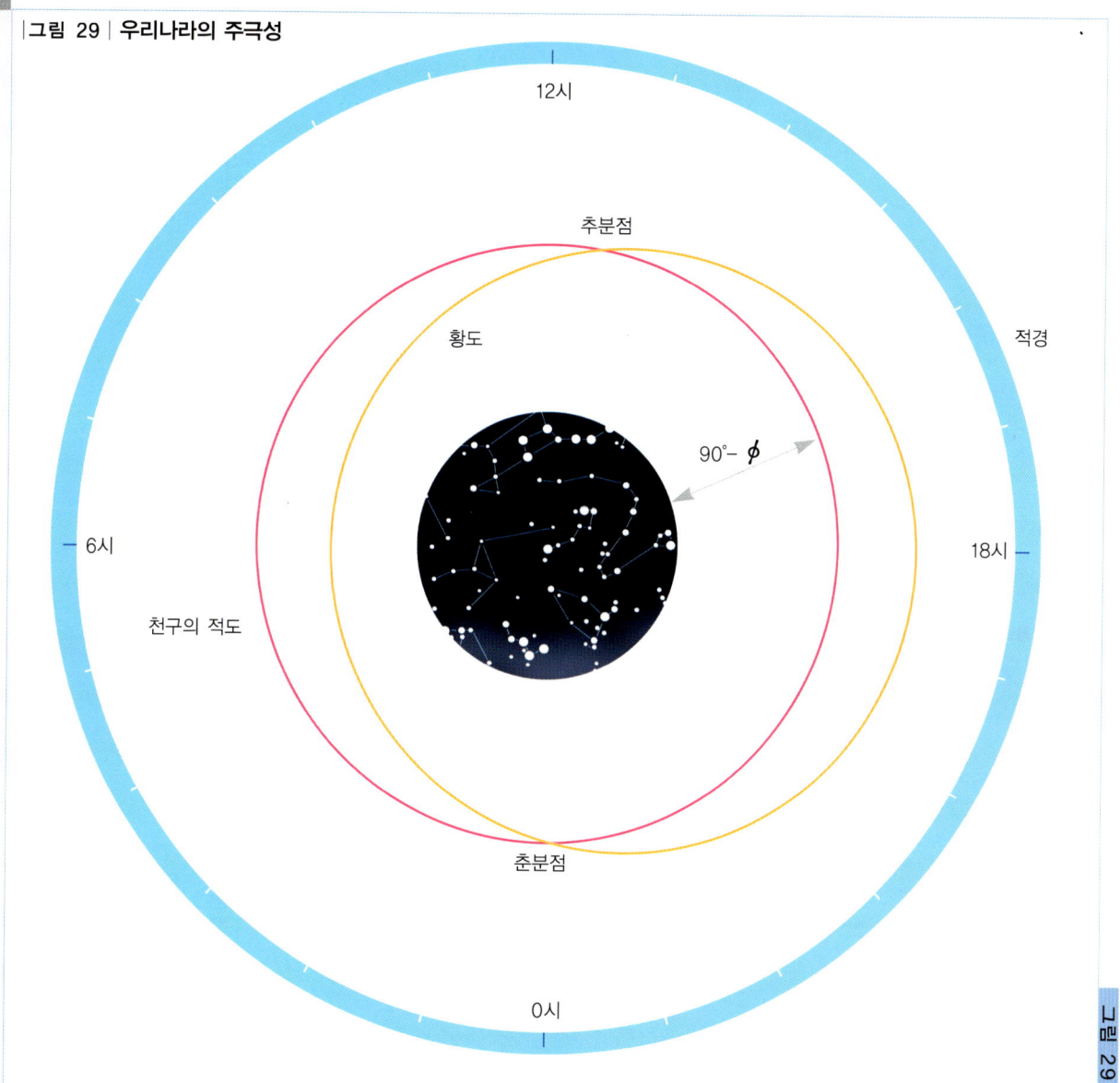

113 별의 시운동 I

30 별의 시운동 Ⅱ

Chapter thirty
motion of celestial bodies

주극성과 전몰성 사이, 즉 $-(90°-\phi) < \delta < 90°-\phi$ 인 별들은 계절에 따라 뜨고 지는 출몰성이 된다.

| 그림 30-1 | 우리나라의 출몰성

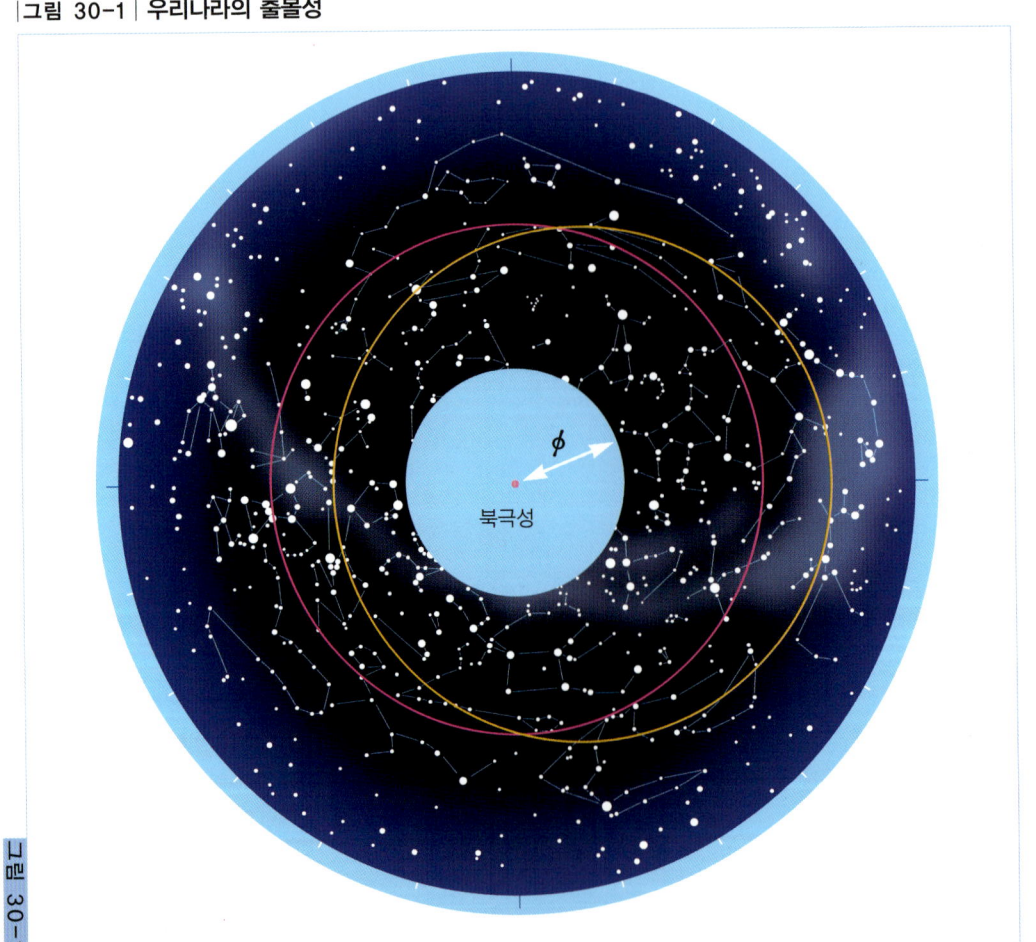

출몰성 중에서 춘분점 주위에 있는 것들은 가을철, 하지점 주위에 있는 것들은 겨울철, 추분점 주위에 있는 것들은 봄철, 동지점 주위에 있는 것들은 여름철 별자리를 이룬다.

예를 들어, 10월 1일 0시에 보이는 가을철 별자리들은 아래 그림과 같다. 그림에서 밤하늘을 올려다보기 때문에 동서 방향이 바뀐 점에 유의하라.

| 그림 30-2 | 우리나라의 가을철 별자리

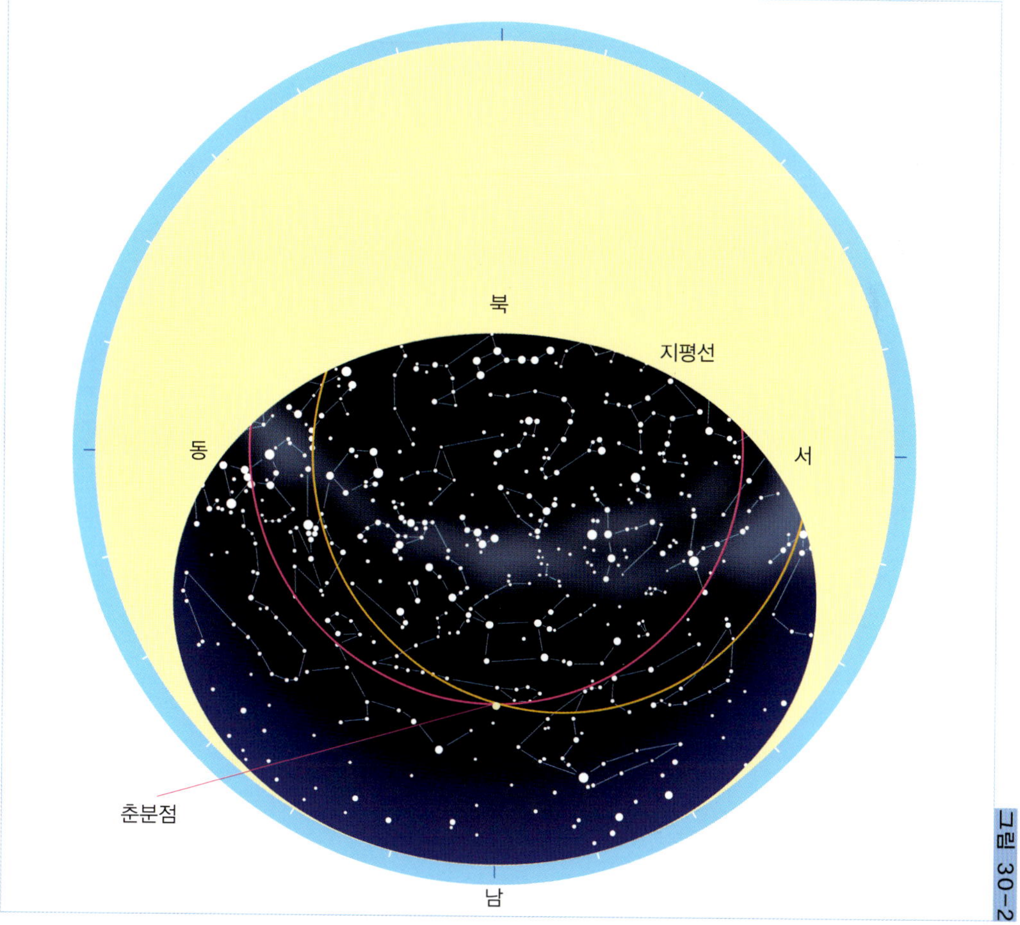

출몰성들은 천구의 연주운동에 의해서 매일 약 4분씩 일찍 뜬다. 따라서 15일이 지나면 1시간 가량 일찍 뜨게 된다. 예를 들어 바로 앞의 10월 1일 밤 0시의 밤하늘은 9월 15일 밤 1시, 10월 15일의 밤 11시, 10월 30일의 밤 10시, ……, 밤하늘과 거의 똑같게 된다.

QUESTION 30-1

(O× 문제) 7월 자정 무렵 밤하늘에 높이 떠 있던 여름철 별자리는 가을인 10월에는 새벽에 높이 떠 있게 된다.

QUESTION 30-2

(O× 문제) 여름철 별자리는 겨울에는 볼 수 없다.

ANSWER 30-1 정답은 (X).

여름철 별자리들은 가을에는 초저녁에 높이 떠 있다가 밤이 깊어짐에 따라 서편으로 진다.

ANSWER 30-2 정답은 (O).

겨울 초저녁에는 가을철 별자리, 겨울 자정 무렵에는 겨울철 별자리, 겨울 새벽에는 봄철 별자리를 볼 수 있지만 여름철 별자리들은 낮에 뜨기 때문에 볼 수 없다.

EXERCISE 30-1

(O× 문제) 7월 자정 무렵 밤하늘에 높이 떠 있던 여름철 별자리는 봄인 4월에는 새벽에 높이 떠 있게 된다.. ( )

사계절 성도

다음 **성도**들은 북쪽을 향해 똑바로 누워서 올려다보는 — 정확히 말하자면 어안렌즈를 통해 보는 — 각 계절 밤하늘의 모습이다. 성도를 자세히 보면 우리가 아는 동서남북 방향을 기준으로 할 때 동서가 바뀌었다는 사실을 알 수 있다. 이는 우리가 북쪽을 향해 똑바로 누우면 왼편에 동쪽 방향이, 오른편에 서쪽 방향이 오기 때문이다.

위 사실을 이해하는 순간 성도에 나와 있는 별들의 위치가 실제 밤하늘에서 어느 부분에 해당되는지 감이 잡히게 된다. 예를 들어 봄철 성도는 3월 16일 밤 11시, 3월 31일 밤 10시, 4월 15일 밤 9시 현재의 밤하늘이다. 이는 천구의 연주운동 때문에 보름이 지나면 별들이 뜨고 지는 시간이 1시간 빨라지기 때문이다.

다음 사계절 성도들은 그림 30-2처럼 타원 모양으로 나타내진 밤하늘을 다시 원 모양으로 바꾼 것이다. 그림 30-2처럼 타원 모양으로 나타내면 남쪽 하늘이 너무 확대되어 실제 별자리 모양과 많이 다르게 나타나지만 원 모양으로 나타내면 실제 별자리 모양과 비슷하게 나타나는 장점이 있다.

달과 행성들은 이 성도를 배경으로 그 시각에 해당되는 위치에 나타난다.

◎ 봄철의 별자리
3월 16일 밤 11시, 3월 31일 밤 10시, 4월 15일 밤 9시의 밤하늘. (별과 우주 제공)

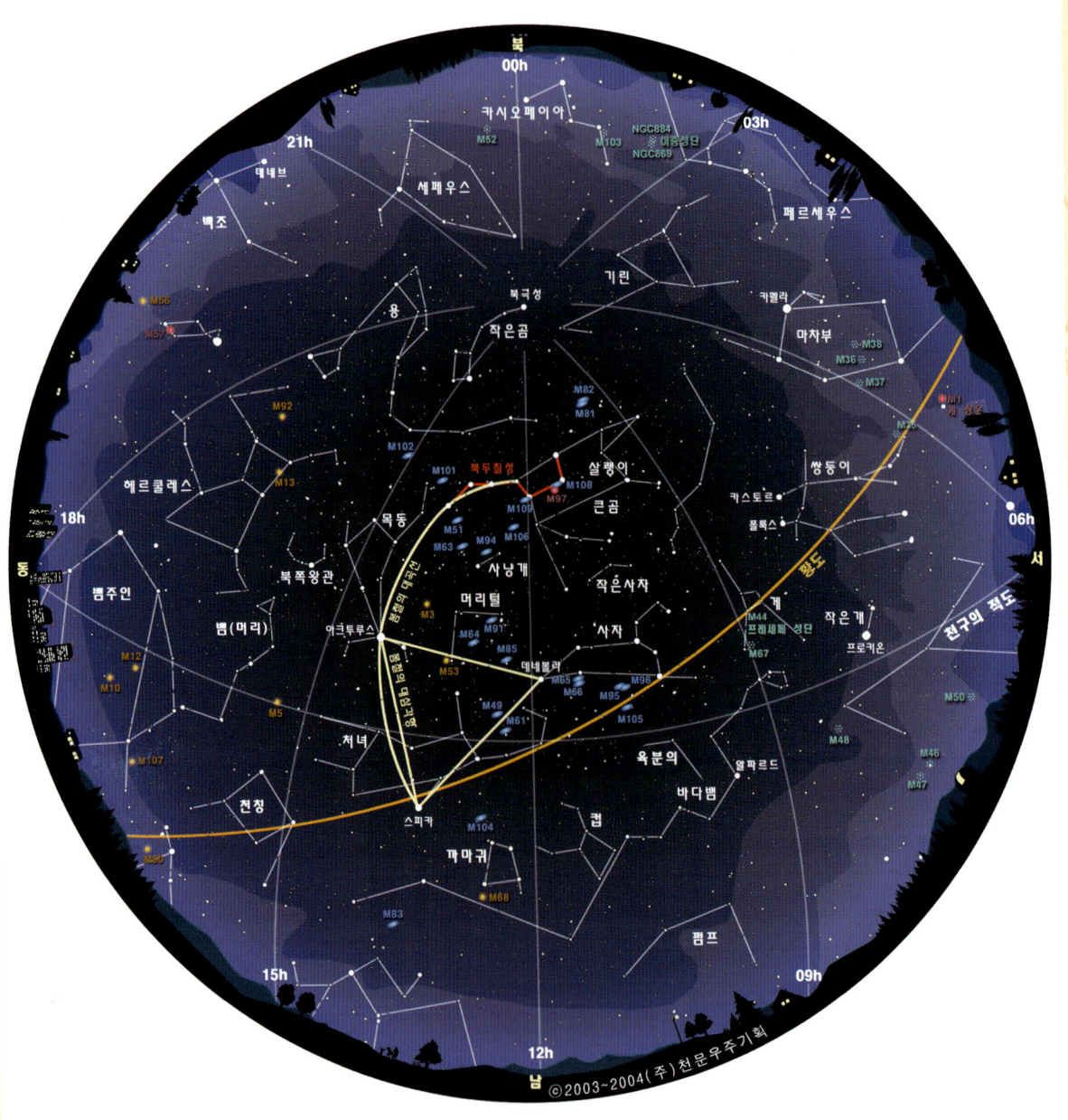

◐ 여름철의 별자리
6월 15일 밤 11시, 7월 1일 밤 10시, 7월 15일 밤 9시의 밤하늘. (별과 우주 제공)

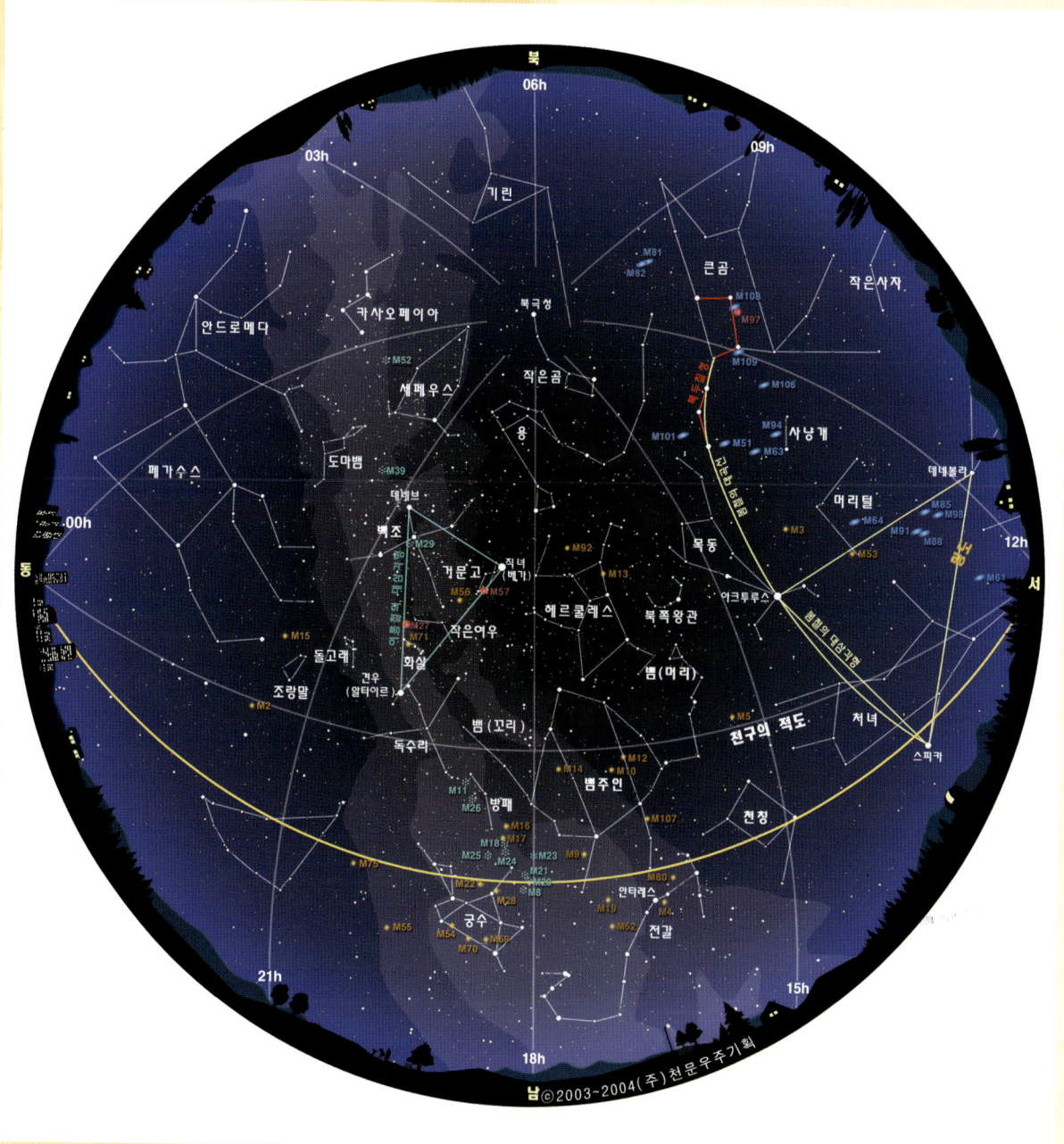

🍂 가을철의 별자리
9월 15일 밤 11시, 10월 1일 밤 10시, 10월 15일 밤 9시의 밤하늘. (별과 우주 제공)

◐ 겨울철의 별자리
12월 16일 밤 11시, 1월 1일 밤 10시, 1월 15일 밤 9시의 밤하늘. (별과 우주 제공)

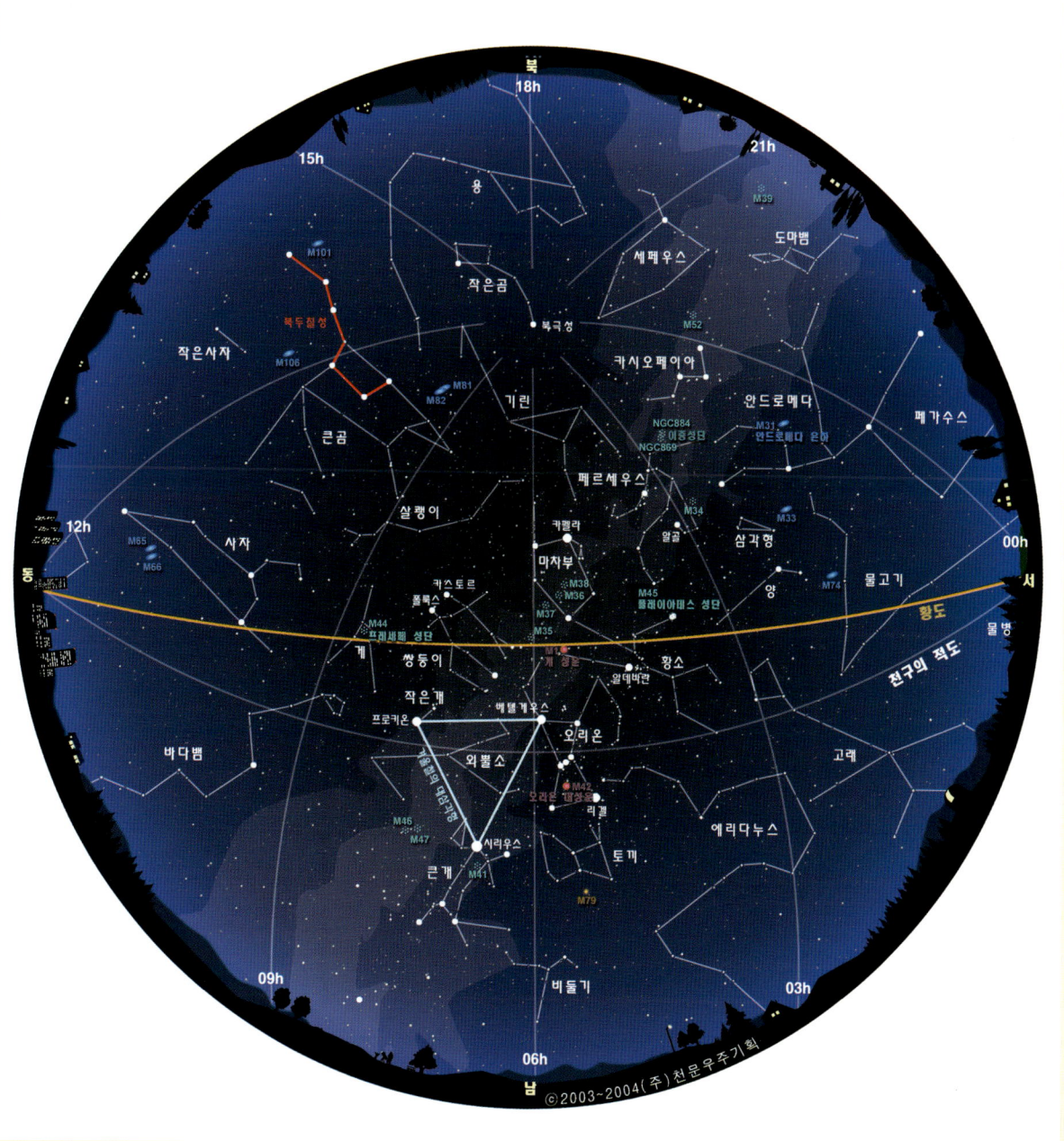

31 은하수의 시운동
Chapter thirty-one
motion of celestial bodies

해와 같은 별들이 약 1천억 개가 모여 이루는 집단을 **은하**라고 한다. 우리 태양계가 속한 우리 은하는 지름이 10만 광년에 이르고 가운데가 두꺼운 볼록렌즈 모양의 거대한 소용돌이 구조를 갖는다. 태양계는 우리 은하의 중심으로부터 약 3만 광년 떨어진 곳에 자리잡고 있다.

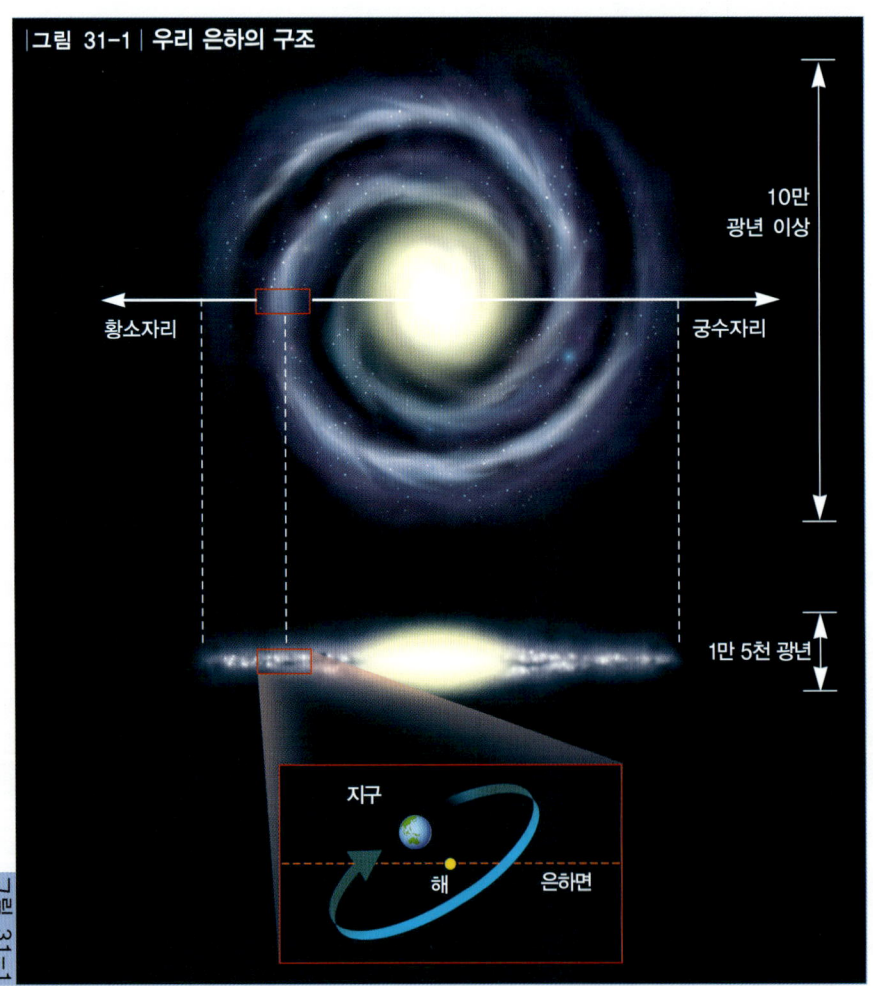

|그림 31-1| 우리 은하의 구조

| 그림 31-2 | 궁수자리 은하수 (별과 우주 제공)

태양계에서 볼 때 우리 은하의 중심 방향은 여름철 별자리인 궁수자리 방향과 일치하고 그 반대 방향은 겨울철 별자리인 황소자리 방향과 일치한다. 우리 은하가 우리 눈에 띠처럼 길게 보이는 것을 **은하수**라고 한다.

은하수는 당연히 궁수자리 근처에서 가장 두껍고 휘황찬란하다.

은하수는 천구의 적도에 대해 $63\frac{1}{2}°$ 기울어져 있다. 따라서 은하수는 별들과 마찬가지로 매일 뜨고 지게 된다.

QUESTION 31-1

(O× 문제) 은하수는 어느 계절이든 자정 무렵이면 하늘 높이 떠 있다.

ANSWER 31-1 정답은 (X).

은하수는 여름철 별자리인 궁수자리와 겨울철 별자리인 황소자리를 지나므로 여름철과 겨울철 자정 무렵 하늘 높이 걸려 있게 된다. 즉 봄철과 가을철 자정 무렵에는 하늘에 높이 걸린 은하수를 볼 수 없다.

PART 4   EXERCISE 풀이

motion of celestial bodies

EXERCISE 23-1   **정답은 (X)**. 금환일식은 달이 지구에 멀리 있을 때 일어난다.

EXERCISE 24-1   **정답은 (O)**. 지구의 그림자가 훨씬 더 크기 때문이다.

EXERCISE 25-1   **정답은 (X)**. 2100년은 400으로 나누어 떨어지지 않으므로 평년이다.

EXERCISE 26-1   **정답은 (X)**. 명왕성의 회합 주기는 거의 1년이다.

EXERCISE 27-1   **정답은 (X)**. 수성도 금성과 마찬가지로 새벽과 저녁에 보인다.

EXERCISE 28-1   **정답은 (X)**. 목성은 회합 주기가 1년에 가깝기 때문에 올 겨울에 잘 보였다면 내년에도 거의 겨울에 잘 보이게 된다.

EXERCISE 29-1   **정답은 (O)**. 남반구상의 관측자에 대해서는 천구의 북반구에 위치한 모든 별이 전몰성이 된다.

EXERCISE 30-1   **정답은 (O)**. 별은 매일 4분씩 일찍 뜬다.

외계 행성과 외계 생명체

천동설-지동설 논쟁은 태양계의 중앙 천체가 지구냐 해냐에 관한 것으로 남녀노소를 막론하고 누구나 잘 알고 있다. 갈릴레이가 법정을 나오면서 내뱉은 '그래도 지구는 돈다' 같은 말도 모르는 사람이 없다. 하지만 이후 계속 이어진 천동설-지동설 논쟁의 '속편'들은 잘 알려져 있지 않다. 대표적인 것으로 '해는 별 중에서도 왕별인가', '우리 지구 같은 행성은 다른 별 주위에는 없고 오직 해 주위에만 있는가' 등 두 가지를 꼽을 수 있겠다.

우리 해와 같은 별들은 '굵고 짧게' 또는 '가늘고 길게' 산다. 즉 거대한 별들은 채 1억 년을 넘기지 못하지만 작은 별들은 100억 년을 넘게 사는 것이다. 천동설이 무너진 후에도 사람들은 우리 해가 밤하늘의 뭇별들과는 다른, 특별한 별임을 의심치 않았다. 하지만 천문학의 발달로 우리 해는 평범하고 작은 별임이 밝혀졌다. 우리 해는 약 50억 년을 살아왔고 앞으로도 약 50억 년을 행복하게 살아갈 것이다. 덕분에 오랜 세월을 두고 고등생명체가 진화할 수 있었던 것이다. 이로써 첫 번째 속편에 대한 답은 나왔다.

두 번째 속편의 답은 20세기 말에 이르러서야 나왔다. 왜냐하면 해가 아닌 다른 별 주위에서 행성을 발견하는 일은 몇 km 떨어진 서치라이트 앞을 나는 나방을 쌍안경으로 찾는 일만큼 어려운 일이었기 때문이다! 드디어 1995년 페가수스자리 51번성에서 최초로 외계 행성이 발견되면서 행성은 다른 별 주위에도 얼마든지 존재할 수 있다는 사실이 증명되었다. 이 행성의 질량은 목성의 절반 가량 되지만 수성이 해에 붙어 있는 것보다 더 가까이 51번성에 붙어 있었다. 이리하여 천동설-지동설 논쟁 속편들에서도 역시 '천동설식 주장'들이 참패를 하게 된다.

이것은 우리 은하에만 해도 해와 같은 별이 1천억 개가 넘게 있기 때문에 충분히 예측될 수 있는 일이었다. 하지만 아직 놀라기에는 이르다. 관측되는 우주에는 우리 은하계와 같은 규모의 다른 은하계가 다시 1천억 개가 넘게 있기 때문이

○ NASA 상상도
푸른 행성이 두 개의 별을 공전하는 상상도 (NASA 자료)

다. 즉 우주에는 1천억 × 1천억 개 이상의 별이 존재하는 것이다. 이 광활한 우주 속에서 해라는 별 주위 한 군데에만 행성이 있다고 믿는 천동설식 발상은 처음부터 무리였던 것이다.

이제는 50개가 넘는 외계 행성이 발견되기에 이르렀다. 별 중에는 우리 해처럼 여러 개의 행성을 거느린 것도 있었다. 발견된 행성들의 질량은 지구보다 작은 것부터 목성의 10배가 넘는 것에 이르기까지 다양했고, 별과의 거리 또한 해-수성 거리보다 작은 것부터 해-명왕성 거리보다 큰 것까지 천차만별이었다.

최근 미국 NASA는 허블 우주망원경으로 지구로부터 5600광년 떨어진 전갈

자리 별 주위에서 나이가 1백30억 년이나 되는 행성을 발견했다고 발표하여 천문학계에 충격을 주고 있다. 이는 현재까지 알려진 최고령 행성보다 무려 90억 년이나 먼저 태어난 것으로, 우주 나이를 약 150억 년으로 볼 때 빅뱅 직후에 태어났다고 해도 과언이 아니다.

NASA에서 배포한 상상도를 보면 가깝고 크게 보이는 커다란 푸른 행성이 멀고 작게 보이는 두 개의 별을 공전하고 있다. 상상도를 자세히 보면 두 개의 별 중 왼쪽 것은 양극에서 물질이 뿜어져 나오는 것을 발견할 수 있다. 이러한 별을 중성자성이라고 한다. 오른쪽 것은 작고 흰 백색왜성이다. 물론 두 별의 나이도 1백30억 년 가량이어야 한다.

◐ **전파망원경**
외계 생명체 탐색에 참여하고 있는 지름 305m 세계 최대 전파 망원경. 미국령 푸에르토리코에 있다.

더욱 놀라운 일은 일부 행성들의 환경이 생명체가 살아가기 적합한 조건들을 만족하고 있다는 사실이다. 예를 들어 일부 행성들은 물이 액체 상태로 존재할 수 있는 조건을 갖추고 있는 것으로 밝혀지기도 했다. 해에 가깝기 때문에 표면이 너무 뜨거워서 물이 수증기 형태로만 존재할 수 있는 수성이나, 너무 추워서 물이 얼음 상태로 존재할 수밖에 없는 천왕성 같은 곳에 생명체가 존재할 확률이 0이라는 점을 상기하면 그 중요성을 충분히 이해할 수 있다. 실제로 큰곰자리 47번성 같은 별은 '따뜻한 물'을 가질 수 있는 조건을 지닌 행성을 거느리고 있는 것으로 밝혀졌다.

이제 우리는 천동설-지동설 논쟁의 마지막편, '생명체는 과연 지구에만 있는가'에 답할 시대에 살고 있다. 저자가 국내외에서 만난 대부분의 천문학자들은 외계 생명체의 존재를 의심하지 않는다. 천문학자가 '그래도 외계 생명체는 있다' 같은 말을 남기며 법정을 떠나는 일이 있어서는 안 된다고 믿는 것이다. 하지만 이 말이 바로 외계인이 UFO의 조종간을 잡고 하늘을 날아다녀야 한다는 뜻으로 둔갑하는 일이 없기를 바란다. 즉 '외계 생명체=UFO'는 아니라는 뜻이다.

시민천문대

천문학자들의 연구를 목적으로 세워진 천문대들은 아무 때나 학생과 일반인들에게 별을 보여 줄 수 없다. 이것은 세계 어느 나라나 마찬가지다. 따라서 일반인들이 항상 별을 볼 수 있는 천문대를 따로 지을 수밖에 없는데 이러한 것을 **시민천문대**라고 한다. 지방자치단체가 세운 공립 시민천문대는 여러 곳에 있는데 그중 가장 먼저 문을 연 대전시민천문대를 중심으로 알아보자.

대전시민천문대의 주망원경은 거울이 아닌 렌즈를 사용하는 굴절식 망원경이다. **플라네타륨**은 천구에서 일어나는 모든 현상을 투영해 낼 수 있는 기계이다. 시골의 밤하늘에서나 볼 수 있는 수천 개의 별들을 둥근 천장에 투영하여 특히 별을 모르고 자라는 도시 아이들을 감탄시키고 있다. 행성의 역행 현상 같은 것도 순식간에 보여 줄 수 있어 천구 교육에 그만이다.

◎ **대전시민천문대 전경**
전국에서 가장 먼저 준공되어 '과학도시' 대전의 체면을 세운 대전시민천문대. 대덕 밸리 복판, 10분 이내에 걸어 올라갈 수 있는 야산에 세워졌다. 왼쪽 돔에는 주망원경이, 오른쪽 돔에는 플라네타륨이 설치되어 있다(대전시민천문대 제공).

⭢ 플라네타륨

우리나라에서 보이지 않는 남십자성 같은 별자리도 보여주는 플라네타륨. (대전시민천문대 제공)

⭢ 주망원경

렌즈의 지름은 25cm로 국내 최대를 자랑하고 있다. (대전시민천문대 제공)

⭢ 목성

주망원경으로 촬영한 목성의 모습. 대적반과 줄무늬가 선명하게 보인다. (대전시민천문대 제공)

⭢ 토성

주망원경으로 촬영한 토성의 모습. 선명한 고리가 인상적이다. (대전시민천문대 제공)

| 부록 |

간단한 수식으로 이해하는 우주

기초 천문학에서 가장 기본이 되는 뉴턴의 운동 법칙, 중력, 천체 역학에 대해
중학교 수준의 수학을 써서 공부해 보기로 한다.

1. 뉴턴의 운동 법칙

먼저 물체의 운동을 기술하는 가장 기본적인 개념의 하나인 속도부터 살펴보자. 머릿속에 속도의 개념이 없는 사람은 아마 없을 것이다. 어떤 사람이 자동차를 타고 2시간 걸려서 144km를 달렸다면 그 자동차의 (평균)속도는 시속 72km 또는 환산하여 초속 20m가 된다. 즉 속도는 운동한 거리를 단순히 시간으로 나누어 얻게 되고 단위는 km/시, m/분, cm/초 등으로 주어진다. 그리고 그 개념 또한 우리 일상 생활에서 말하는 '속도'와 비슷하기 때문에 이해하는 데 별 어려움이 없다.

지금부터 특별한 경우가 아니면 길이의 단위로는 cm, 질량의 단위로는 g, 시간의 단위로는 초를 사용하겠다. 이 단위들을 'CGS단위계'라 하는데, 길이의 C는 cm, 질량의 G는 g, 시간의 S는 초를 각각 의미한다.

물체가 직선상을 일정한 속도로 움직이는 운동을 우리는 **등속도 운동**이라고 한다. 등속도 운동의 경우 이동 거리 x, 속도 v, 시간 t 사이에는

$$v = v_0 \qquad (1)$$

$$x = vt + x_0 \qquad (2)$$

와 같은 관계가 있다. 여기서 v_0은 초속도, x_0은 처음 위치를 의미한다. 식 (1)은 등속도 운동의 경우 물체의 속도는 언제나 초속도와 같다는 당연한 사실을 의미한다. 식 (2)는 바로 관계식 (거리)=(속도)×(시간)을 의미한다.

속도에 비하여 **가속도**는 그 의미가 훨씬 더 까다롭고 우리가 일상생활에서 흔히 쓰는 말 '가속도'와도 많은 차이가 있다. 그리고 단위도 $cm/초^2$처럼 주어져서 물리적 의미가 바로 이해되지 않는다. 물체의 운동을 기술함에 있어서 가속도는 속도가 변하는 요인이 된다. 따라서 물체가 점점 빨라지는 경우에만 가속도가 있는 것이 아니고, 점점 느려지는 경우에도 가속도는 존재한다. 앞의 경우는 가속도의 방향이 속도의 방향과 같고, 뒤의 경우는 방향이 반대라고 정의한다. 뒤의 경우 속도가 (+) 부호를 가지면 가속도는 (−), 속도가 (−) 부호를 가지면 가속도는 (+) 부호를 갖는다.

직선 운동의 경우 가속도가 0이라는 말은 물체의 속도가 변하지 않는다는 뜻이다. 즉 등속도 운동을 말한다. 따라서 가속도를 a라 하면 등속도 운동의 경우에는

$$a = 0 \tag{3}$$

이 된다. 이 경우, $v_0 > 0$, $x_0 > 0$을 가정하면, 식 (1), (2), (3)으로 주어지는 등속도 운동의 그래프는 [그림 1]과 같이 주어진다.

|그림 1| 등속도 운동

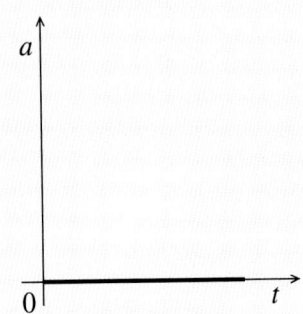 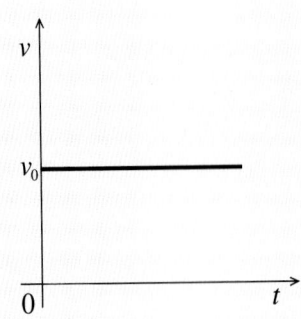 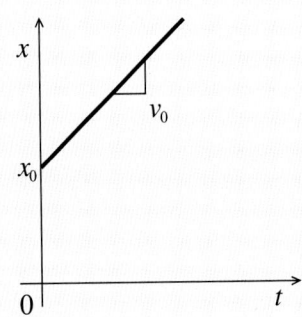

주의할 사항은 [그림 1]에서는 물체가 마치 45도 방향으로 가는 것처럼 그려져 있지만 실제로는 x-축을 따라 수직으로 올라가고 있다는 점이다.

직선 운동의 경우 가속도가 0이 아닌 상수의 값을 갖는다는 말은 물체의 속도가 일정한 변화율을 유지하며 빨라지거나 느려지고 있다는 것을 의미한다. 즉 가속도가 초가속도 a_0값으로

$$a = a_0 \tag{4}$$

와 같이 일정할 때 물체는 등가속도 운동을 하게 된다. 이 경우 초속도 v_0인 물체가 시간 t가 경과한 후 v라는 속도를 갖게 되면 가속도 a는

$$a = a_0 = \frac{v - v_0}{t} \tag{5}$$

로 정의된다. 예를 들어, $v_0 = 3$cm/초 로 운동하던 물체가 4초 후 $v = 7$cm/초 의 속도를 갖도록 가속되었다면 이 때 가속도는 $a = 1$cm/초^{2}이 된다. 식 (5)를 변형하면

$$v = v_0 + a_0 t \qquad (6)$$

를 얻는다. 식 (6)에서 알 수 있듯이 초속도가 0인 물체도 가속도가 존재하면 시간이 경과한 후 속도의 값은 0이 아님을 알 수 있다.

등가속도 운동을 하는 경우 거리 x는 어떻게 변하는지 알아보자. 이 경우 v와 v_0은 같지 않으므로 두 속도의 평균값에 시간 t를 곱해야만 한다. 따라서 처음 위치를 x_0이라 하면

$$\begin{aligned} x &= \frac{v_0 + v}{2} t + x_0 \\ &= \frac{v_0 + v_0 + a_0 t}{2} t + x_0 \qquad (7) \\ &= \frac{1}{2} a_0 t^2 + v_0 t + x_0 \end{aligned}$$

을 얻는다. 식 (7)로 주어지는 $x-t$ 그래프는 어떻게 그려지는지 알아보자. 식 (7)은

$$x = \frac{1}{2}a_0 t^2 + v_0 t + x_0$$

$$= \frac{a_0}{2}\left\{t^2 + \frac{2v_0}{a_0}t + \left(\frac{v_0}{a_0}\right)^2 - \left(\frac{v_0}{a_0}\right)^2\right\} + x_0$$

$$= \frac{a_0}{2}\left(t + \frac{v_0}{a_0}\right)^2 - \frac{v_0^2}{2a_0} + x_0$$

과 같이 변형될 수 있으므로, 꼭지점이

$$\left(-\frac{v_0}{a_0}, -\frac{v_0^2}{2a_0} + x_0\right)$$

이고 기울기가 $\frac{a_0}{2}$ 인 포물선임을 알 수 있다.

따라서 $t > 0, a_0 > 0, v_0 > 0, x_0 > 0$을 가정하면 식 (4), (6), (7)로 주어지는 등가속도 운동의 그래프는 [그림 2]처럼 그려진다. 즉 등가속도 운동의 경우 시간이 지남에 따라 거리는 등속도 운동의 경우보다 급격히 변하게 된다.

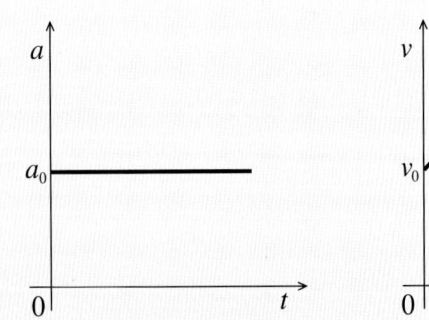
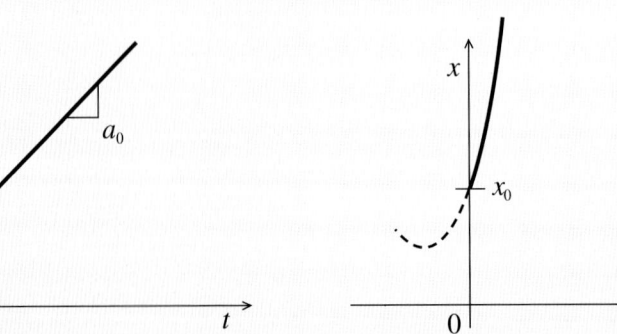

|그림 2| 등가속 직선 운동

역시 주의할 사항은 [그림 2]에서는 물체가 포물선 운동을 하는 것처럼 그려져 있지만 실제로는 x-축을 따라 수직으로 올라가고 있다는 점이다.

이제 **뉴턴의 운동 법칙**을 공부해 보자. 물체의 운동을 기술할 때 힘이란 한마디로 가속도의 원인이 되는 것이라고 생각하면 문제가 없다. 예를 들어 어떤 물체가 직선 위에서 등속도 운동을 한다면 가속도가 0인 운동을 하는 상태이므로 힘을 전혀 받지 않고 있다고 말할 수 있다. 어떤 물체의 속도가 점점 빨라지거나 느려진다면 가속도가 존재하는 상태이므로 이는 힘이 작용한 결과로 해석하면 된다. 정지하고 있던 물체가 갑자기 움직이기 시작한 경우도 물론 힘이 작용한 결과다.

같은 물체에 힘을 2배, 3배, …, 작용시키면 가속도는 힘에 비례해 2배, 3배, …, 커진다. 또한 두 물체에 똑같은 힘을 작용시키면 가속도는 질량에 반비례하여 나타난다는 사실도 알 수 있다. 즉 A라는 물체가 B라는 물체보다 질량이 2배 큰 경우, 만일 같은 힘을 받는다면 A가 갖는 가속도는 B가 갖는 가속도에 비해 절반밖에 되지 않는다는 말이다.

이것을 정리한 것이 바로 뉴턴의 운동 법칙이다. 즉 힘을 F, 질량을 m, 가속도를 a라고 하면 뉴턴의 운동 법칙은 방정식

$$F = ma \tag{8}$$

로 주어진다. 식 (8)은 등식 $C=AB$의 형태를 갖는다. $C=0$이면 $A=0$이거나 $B=0$이고, $C\neq0$이면 $A\neq0$이고 $B\neq0$이다. 그런데 중·고등학교 과학에서 질량이 0인 경우는 절대로 다루지 않으므로, 우리는 식 (8)로부터 $F=0$이면 곧 $a=0$이고, $F\neq0$이면 $a\neq0$이라는 사실을 알 수 있다. 이 개념은 대단히 중요한 의미를 지닌다.

예를 들어, [그림 3]에서처럼 오른쪽에서 왼쪽 방향으로 진행하면서 오른쪽 방향으로 일정한 힘을 계속 받은 결과 오른쪽 방향으로 되돌아가는 A→B→C→D→E→F→G와 같은 물체의 운동을 생각해 보자.

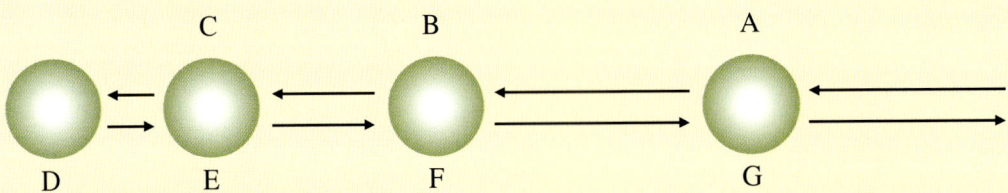

|그림 3| 힘을 받는 물체의 운동

여기서 일정한 힘이란 예를 들어 물체를 오른쪽 방향으로 계속 밀고 있는 손가락을 생각하면 된다. 언뜻 생각하면 D점에서 물체가 힘을 안 받는 것처럼 보이나 그렇지 않음에 유의해야 한다. 만일 물체가 D점에서 힘을 안 받는다면 물체는 그 자리에 정지해야 될 것이다. 왜냐하면 힘의 작용이 중단되었다면 물체가 D→E→F→G와 같이 운동을 계속 할 이유가 없기 때문이다. 일정한 힘이 계속 작용했으므로 힘의 방향도 A~G점 중 어디에서나 같아야 한다. 따라서 식 (8)에 의해 가속도 역시 어디서나 같아야 한다. 즉 [그림 3]과 같은 운동을 하는 물체는 등가속도 운동을 하고 있다는 것을 알 수 있다.

외부로부터 힘이 작용하지 않으면 정지해 있는 물체는 계속 정지하여 있고 운동하는 물체는 직선 운동을 언제까지나 계속한다. 즉 어느 경우든 등속도 운동을 하게 된다. 앞에서 언급하였듯이 등속도 운동에는 물체가 정지하여 있는 경우도 포함되어 있음에 유의하자. 이는 물론 식 (8)에서 $F=0$이면 $a=0$이기 때문이다. 이것을 **관성의 법칙**이라고 한다.

질량이 1kg인 물체가 1m/초^{2}의 가속도를 갖도록 만들어 주는 힘의 크기를 1Newton, 질량이 1g인 물체가 1cm/초^{2}의 가속도를 갖도록 만들어 주는 힘의 크기를 1dyne 이라고 각각 정의한다. 즉 1Newton=1kg · m/초^2, 1dyne=1g · cm/초^{2}이다. 따라서 1 Newton=1000g · 100cm/초^2=10^5dyne이다.

2. 중력

뉴턴의 만유인력 법칙에 의하면 질량이 각각 m_1, m_2인 두 물체가 [그림 4]처럼 거리 r만큼 떨어져 있으면 그 사이에는

$$F = \frac{Gm_1m_2}{r^2} \qquad (9)$$

로 계산되는 인력이 작용한다. 여기서 등식을 유지시켜 주는 상수 G를 만유인력 상수 또는 흔히 **중력 상수**(gravitational constant)라 부른다. 단위는 F가 g·cm/초²이므로 G의 단위는 cm³/(g·초²)가 되고 그 값은 $G \simeq 6.67 \times 10^{-8}$이 된다. 예를 들어, 질량 100g 짜리 물체 2개가 1cm 거리로 떨어져 있을 때 작용하는 만유인력의 크기는 $F \simeq 6.67 \times 10^{-4}$ dyne이 되는 것이다.

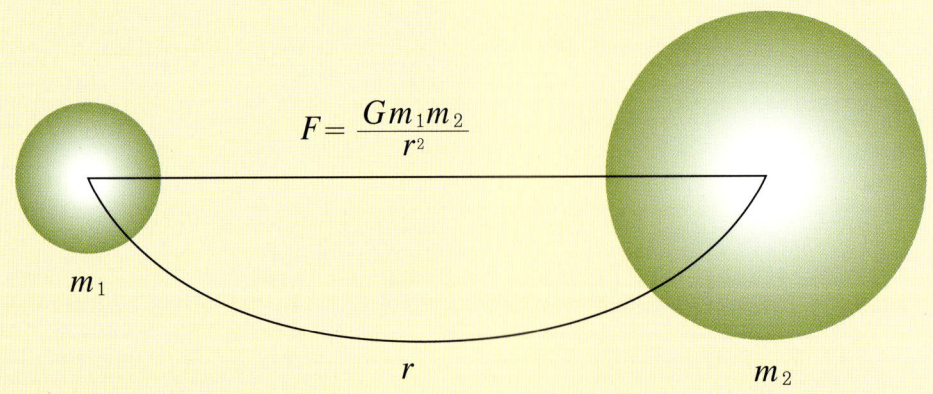

| 그림 4 | **뉴턴의 만유인력**

따라서 질량이 m인 어떤 물체와 질량이 $M_\oplus$인 지구 사이에도 [그림 5]에서 보는 바와 같이

$$F = \frac{GM_\oplus m}{R_\oplus^2} \qquad (10)$$

인 만유인력이 작용한다. 여기서 $R_\oplus$은 지구의 반지름이다. 여기서 지구의 질량이 마치 지구의 중심에 다 모아져 있는 듯이 만유인력이 작용하고 있음에 유의하자.

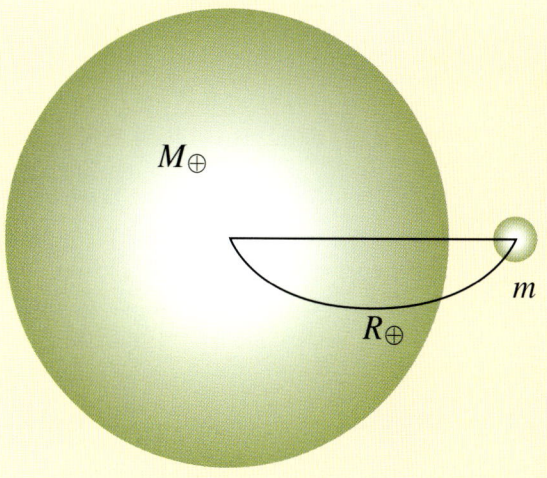

|그림 5| **지구와 물체 사이의 만유인력**

물체도 만유인력 법칙에 따라 지구를 끌어 당기고 있지만 지구의 질량이 비교가 안 될 정도로 워낙 크기 때문에 물체가 지구의 중심 방향을 향해 일방적으로 잡아당겨지는 것이다. 이것이 바로 질량 m인 물체가 지구 표면에서 받는 **중력**이다.

체중이란 우리를 지구가 중심 방향으로 당기는 힘인 것이다. 중력도 힘이므로 그것에 상응하는 가속도, 즉 **중력 가속도**가 존재할 것이다. 중력을 F, 중력 가속도를 g라 하면 질량이 m인 물체는 뉴턴의 운동 법칙에 의해

$$F = mg \qquad (11)$$

의 힘을 지구 중심 방향으로 받는 것이다. 이 힘 때문에 물체를 공기 중에서 낙하시키면 밑으로 떨어진다. 이 때 물체는 점점 더 빨라지게 되는데, 이것이 바로 중력 가속도가 존재한다는 증거이다. 중력 가속도의 크기는 누구나 일상 경험을 통해 잘 알고 있다. 만일 물체가 경험적으로 우리가 아는 중력 가속도보다 덜 가속되어 떨어진다면, 즉 더 천천히 떨어진다면 우리는 누가 끈에 물체를 잡아매어서 천천히 내리는 것으로 생각하게 된다. 우리가 잘 아는 그 가속도의 크기가 $g \simeq 980 \, \text{cm/초}^2$이다. 지구가 아닌 다른 천체에 가면 바로 이 값이 변하므로 사람은 체중이 가벼워지거나 무거워지는 것이다.

그러면 충분히 높은 건물 옥상에서 물체를 **자유 낙하**시킨 뒤 속도와 낙하거리는 어떻게 변하는지 알아보자. 중력 가속도는 상수이므로 물체는 등가속도 운동을 한다. 물체를 던지지 않고 살짝 놓아 자유 낙하시키는 옥상의 위치를 원점으로 잡고, 위 방향을 y-축의 양의 방향으로 잡자. 그러면 중력 가속도는 밑을 향하므로 $a=a_0=-g$가 될 것이다. 이 경우, $v_0=0$, $y_0=0$이므로 식 (4), (6), (7)은

$$a = -g \tag{12}$$

$$v = -gt \tag{13}$$

$$y = -\frac{1}{2}gt^2 \tag{14}$$

가 된다.

따라서 [그림 6]에서 보는 바와 같이 물체는 1초 후 속도는 $v = -980 \times 1 = -980$cm/초(-9.8m/초), 낙하거리는 $y = -\frac{1}{2} \times 980 \times 1 = -490$cm(-4.9m)가 되고, 2초 후 속도는 $v = -980 \times 2 = -1960$cm/초(-19.6m/초), 낙하거리는 $y = -\frac{1}{2} \times 980 \times 4 = -1960$cm(-19.6m)에 이르며, 3초 후 속도는 $v = -980 \times 3 = -2940$cm/초(-29.4m/초), 낙하거리는 $y = -\frac{1}{2} \times 980 \times 9 = -4410$cm(-44.1m)에 이른다.

물체를 연직 위로 던지면 물체는 [그림 3]을 90도 돌려 놓은 것과 똑같이 등가속도 운동을 한다. 즉 어느 높이까지 도달하였던 물체는 다시 내려오게 되는 것이다. 여기서도 일정한 중력 가속도 g가 계속 작용한 결과 올라가던 물체가 방향을 바꿔 다시 내려오게 되는 것임을 알 수 있다. 지구 표면에서 연직 방향으로 v_0의 속도로 던져진 물체는 어떤 운동을 하게 되는지 알아 보자. 중력가속도의 방향(즉 아래 방향)을 (−)로 잡으면 물체는 위 방향으로 던져졌으므로 초속도는 (+) 값을 갖는다. 따라서 우리는 식 (4), (6), (7)에 $y_0 = 0$을 대입하여

$$a = -g \qquad (15)$$

$$v = -gt + v_0 \qquad (16)$$

$$y = -\frac{1}{2}gt^2 + v_0 t \qquad (17)$$

을 얻게 되고 물체의 운동은 이 세 방정식으로 기술된다.

물체의 무게 W는 식 (11)에 의하여

$$W = mg \qquad (18)$$

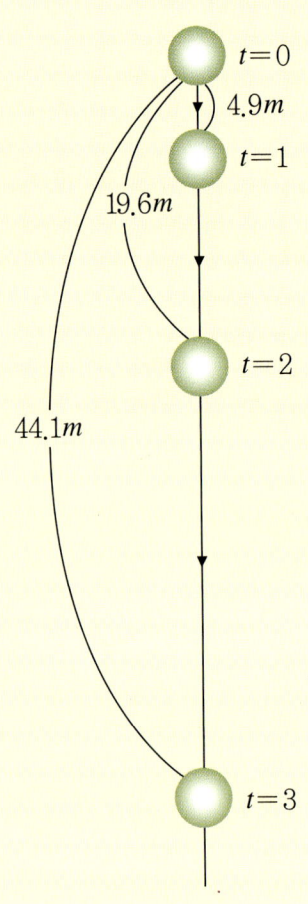

| 그림 6 | 물체의 자유낙하

로 주어진다. 그런데 이것은 바로 식 (10)과 같아야 하므로 우리는

$$mg = \frac{GM_\oplus m}{R_\oplus^2}$$

을 얻는다. 양변에서 m을 소거해서 정돈하면

$$M_\oplus = \frac{gR_\oplus^2}{G} \qquad (19)$$

과 같이 지구의 질량을 구할 수 있다. 실제로 식 (19)에 측정값인 $R_\oplus \simeq 6.4 \times 10^8$cm 와 $G \simeq 6.7 \times 10^{-8}$cm³/(g·초²)을 대입하면 지구 질량 $M_\oplus$은

$$M_\oplus \simeq \frac{980 \times (6.4 \times 10^8)^2}{6.7 \times 10^{-8}} \simeq 6 \times 10^{27} (g)$$

처럼 구할 수 있게 된다.

3. 천체 역학

근세 초 케플러는 다음과 같은 세 가지 **행성운동의 법칙**을 발표하였다.

1. **타원 궤도의 법칙** : 행성은 해 주위를 타원을 그리며 공전하고 있다. 타원에는 2개의 초점이 있는데 해는 이 중 어느 하나에 위치한다.
2. **면적 속도 일정의 법칙** : 행성은 해에서 가까울 때 빨리 공전하고 멀 때 느리게 공전한다. 그리하여 행성과 해를 이은 직선이 같은 시간 동안 휩쓰는 면적은 언제나 일정하다.
3. **조화의 법칙** : 행성 궤도의 장반경을 a, 공전 주기를 P라고 하면 모든 행성에 대하여 P^2을 a^3으로 나눈 값은 일정하다.

$$\frac{P^2}{a^3} = 상수 \qquad (20)$$

첫째 법칙은 천문학사에서 매우 중요한 의미를 갖는다. 왜냐하면 당시의 모든 사람들은 행성이 원 궤도를 그린다고 믿고 있었기 때문이었다. 원은 옛날부터 '완전한 도형' 같은 이미지를 지니고 있었다. 그러한 원 궤도의 '신앙'을 혼자서 과감히 부정하고 타원 궤도 이론을 주장한 데에서 케플러의 천재성이 발휘되기 시작한다. 어쩌면 세 법칙 중 가장 가치 있는 것인지도 모른다.

둘째 법칙은 독자가 직접 손가락으로 [그림 7]의 궤도에서 행성의 공전을 흉내내 보면(즉 해에 가까이 접근했을 때는 손가락을 빨리 움직이고 해로부터 멀어졌을 때는 손가락을 천천히 움직여 보면) 이해하기가 쉬워질 것이다. 행성의 궤도상에서 해에 가장 가까운 점을 **근일점**, 가장 먼 점을 **원일점**이라고 한다. 따라서 행성은 근일점에서 가장 빨리 운동하고 원일점에서 가장 느리게 운동한다.

| 그림 7 | 케플러의 행성 운동 법칙

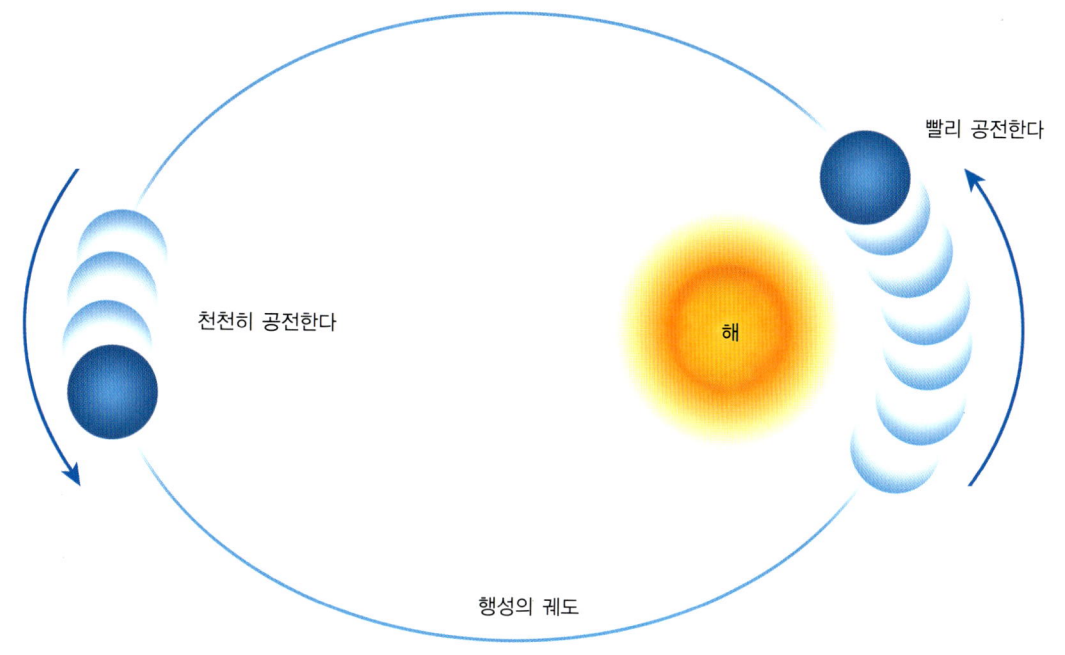

셋째 법칙을 이해하기 위해서 공식을 직접 유도하여 보기로 하자. 타원 운동의 경우 케플러 법칙을 유도하는 것은 어려우므로 여기서는 원운동을 하는 행성의 경우에 국한하여 살펴보자.

먼저 **등속 원운동**에 관하여 알아보기도 하자. 질량 m인 물체가 일정한 속력 v로 반지름이 r인 원운동을 하고 있는 경우 작용하는 **원심력** F는

$$F = \frac{mv^2}{r} \qquad (21)$$

로 주어진다. 식 (21)에서 알 수 있듯이 질량이 2배, 3배, ⋯, 커지면 원심력은 비례하여 2배, 3배, ⋯, 커지고, 속력이 2배, 3배, ⋯, 커지면 원심력은 제곱에 비례하여 4배, 9배, ⋯, 커진다. 또한 반지름이 2배, 3배, ⋯, 커지면 원심력은 반비례하여 2배, 3배, ⋯, 작아진다.

행성이 [그림 8]에서처럼 등속 원운동을 하며 안정된 궤도로 해를 공전하는 경우 해가 잡아당기는 **구심력**과 방금 알아본 원심력은 크기가 서로 같다.

만일 구심력이 크면 행성은 해 쪽으로 더 가까워져야 하고, 원심력이 크면 행성은 해로부터 더욱 멀어져서 안정된 궤도를 이루지 못하게 된다. 따라서 [그림 8]에서처럼 해의 질량을 $M_\odot$, 행성의 질량을 m, 행성의 속력을

| 그림 8 | 등속 원운동을 하는 행성

v, 행성 궤도의 반지름을 a라고 하면 식 (9), 식 (21)로부터

$$\frac{mv^2}{a} = \frac{GM_\odot m}{a^2}$$

을 얻을 수 있으며 이 식을 정돈하면

$$v^2 = \frac{GM_\odot}{a} \qquad (22)$$

가 된다.

행성의 공전 주기를 P라 하면 v는 공전 궤도의 길이, 즉 원주의 길이 $2\pi a$를 P로 나눈 값이 되어야 하므로 식 (22)는

$$\left(\frac{2\pi a}{P}\right)^2 = \frac{GM_\odot}{a}$$

가 되고, 이를 정돈하면

$$\frac{P^2}{a^3} = \frac{4\pi^2}{GM_\odot} = 상수 \qquad (23)$$

즉 케플러 법칙인 식 (20)을 얻게 된다. 그런데 식 (23)에서 만일 우

리가 $M_\odot = 1$로 놓고 P의 단위로 년, a의 단위로 AU를 사용하면 단순하게

$$P^2 = a^3 \qquad (24)$$

이 된다. 즉 식 (23)의 상수는 마술처럼 1이 된다. 지구의 경우 $P=1$, $a=1$이므로 이는 쉽게 확인된다. 또 예를 들어 목성의 경우 $P=11.86$, $a=5.20$이므로 식 (20)의 양변은 140.6 정도로 같아진다. 식 (23)이 우리 태양계의 경우 식 (24)처럼 간단하여지는 것은 물론 단위들이 그렇게 정의되었기 때문이다.

지구가 현재의 공전 궤도를 유지하고 있는 상태에서, 그럴 리는 없지만 갑자기 해의 질량이 4배로 불어났다고 가정해 보자. 그러면 지구의 공전 주기에는 어떤 변화가 일어나야 현재의 공전 궤도를 유지할 수 있을지 생각해 보자. 해의 질량이 갑자기 늘어났다는 말은 해의 중력이 더욱 강해졌다는 이야기이다. 이렇게 구심력이 더욱 강해진 상태에서 지구가 궤도를 유지하는 길은 더욱 빨리 공전하여 원심력을 증가시켜서 대항하는 수밖에 없다. 즉 지구의 공전 주기는 짧아져야 한다. 이는 식 (23)을 제대로 이해한 사람이면 암산으로도 계산이 가능하다. 식 (23)에서 $M_\odot = 4$로 놓고 P의 단위로 년, a의 단위로 AU를 사용하면 식 (23)은 단순히

$$4P^2 = a^3 \tag{25}$$

이 된다. a는 변하지 않고 여전히 1이므로 식 (25)로부터 우리는 $P = \frac{1}{2}$을 얻는다. 즉 이 경우 지구가 두 배로 빨라져야만 공전 궤도를 유지하게 된다는 뜻이다.

이제 이야기를 **인공위성**으로 확장해 보자. 지구 둘레를 [그림 9]에서처럼 등속 원운동하는 인공위성을 생각해 보자. 인공위성의 속력을 v 라고 하고 원궤도의 반지름을 a 라 하면 식 (22)와 비슷하게

$$v^2 = \frac{GM_\oplus}{a} \tag{26}$$

를 얻을 수 있다.

따라서 지구 표면의 바로 위에서는 $a \simeq R_\oplus \simeq 6.4 \times 10^8 \text{cm}$이므로

$$v^2 \simeq \frac{6.7 \times 10^{-8} \times 6 \times 10^{27}}{6.4 \times 10^8} \simeq (7.9 \times 10^5 \text{cm/초})^2$$

$$\rightarrow v \simeq 7.9 \text{km/초} \tag{27}$$

가 된다. 즉 인공위성은 이 정도의 속도를 유지하여야만 지구 표면으로 떨어

| 그림 9 | 등속 원운동을 하는 인공위성

지지 않고 등속 원운동을 계속 할 수 있다.

인공위성이 식 (27)의 속도보다 조금 더 빠른 초속도를 가지고 발사되면 어떻게 될까 생각해 보자. 인공위성은 그대로 원 궤도를 이탈하여 지구로부터 탈출하게 될 것 같지만 사실은 그렇지 않다. 우리 지구의 경우 **탈출속도**

$$v \simeq 11.2 \text{km/초} \qquad (28)$$

에 이르기 전에는 결국 [그림 10]에서처럼 타원 궤도를 그리며 지구로 끌려 돌아오게 된다. 탈출속도에 이르러서야 인공위성은 비로소 포물선을 그리며 지구를 영원히 떠나게 되는 것이다. 이때 원운동의 경우와는 달리, 포물선 운동을 하면서 식 (28)로 주어지는 탈출속도를 계속 만족해야 한다는 뜻은 아니라는 점에 유의하자. 인공위성은 초속도만 탈출속도 이상으로 발사되면 이후 다시 추진되지 않아도 지구를 떠나게 된다. 식 (28)의 탈출속도는 식 (27)의 원운동속도에다 $\sqrt{2}$ 를 곱해서 얻어지는데, 이는 좀더 어려운 계산을 통해 증명된다.

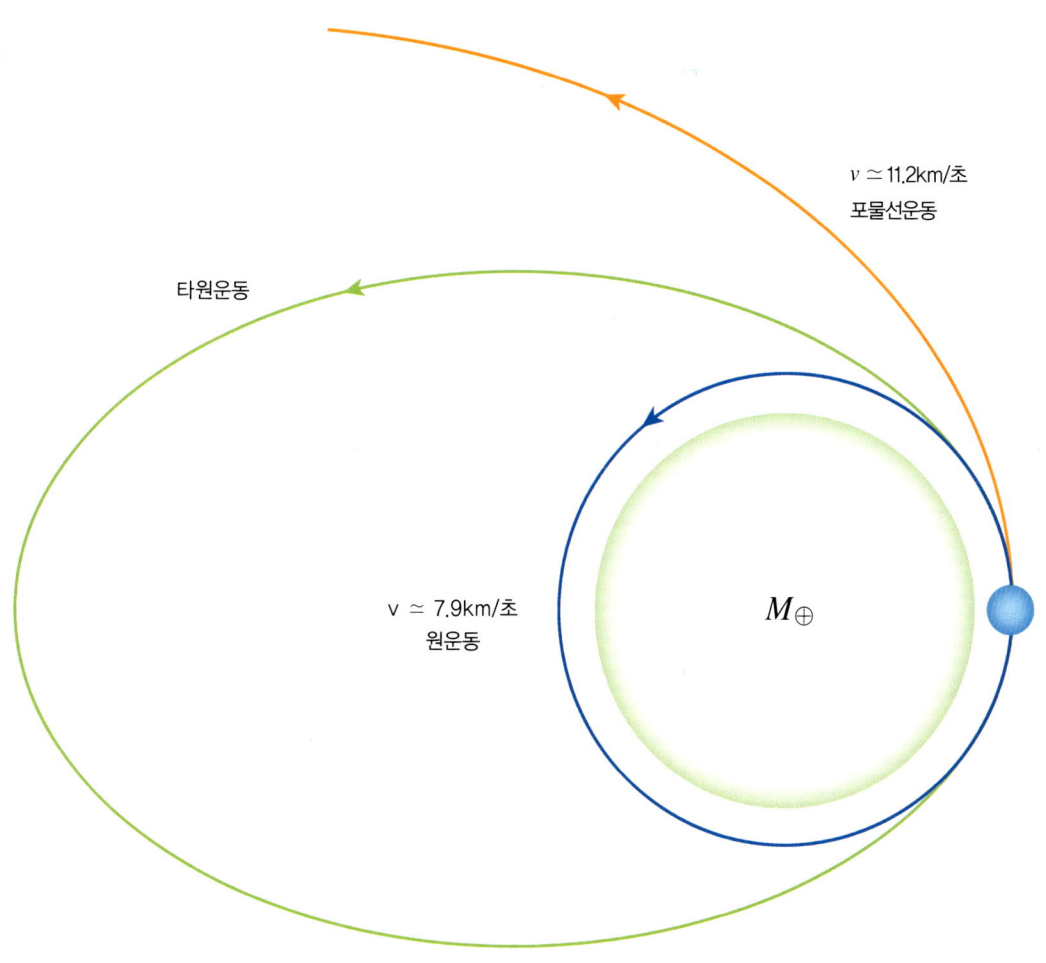

|그림 10| 타원 궤도를 그리는 인공위성

찾아보기

ㄱ

가속도 acceleration _ 135
갈릴레이의 달들 Galilean moons _ 110
개기월식 total lunar eclipse _ 92
개기일식 total solar eclipse _ 91
경도 longitude _ 12
고도 altitude _ 12
관성의 법칙 law of inertia _ 141
구심력 centripetal force _ 150
그믐달 waning crescent moon _ 80
근일점 perihelion _ 149
금성 Venus _ 99, 103
금환일식 ring solar eclipse _ 91

ㄴ

내합 inferior conjunction _ 96
내행성 inferior planet _ 96
뉴턴의 운동 법칙 Newton's law of motion _ 139
뉴턴의 만유인력 법칙 Newton's law of universal gravitation _ 142

ㄷ

달력 calendar _ 94
대적반 great red spot _ 111
동방최대이각 greatest eastern elongation _ 100
동지 winter solstice _ 51
동지점 winter solstice point _ 52
등속도 운동 motion of uniform velocity _ 134
등속 원운동 uniform circular motion _ 150
등가속도 운동 motion of uniform acceleration _ 137

ㅁ

목성 Jupiter _ 99, 110, 131

명왕성 Pluto _ 99

ㅂ

방위각 azimuth _ 12
백도 moon's path _ 74
보름달 full moon _ 79
부분월식 partial lunar eclipse _ 92
부분일식 partial solar eclipse _ 91
북극성 Polaris _ 14, 17

ㅅ

삭망월 synodic month _ 94
상현달 first quarter moon _ 80
서방최대이각 greatest western elongation _ 100
성도 star map _ 117
수성 Mercury _ 99, 104
순행 direct motion _ 106
시민천문대 public observatory _ 130

ㅇ

양력 solar calendar _ 95
역행 retrograde motion _ 106
연주운동 annual motion _ 38, 40, 44
외계 생명체 extraterrestrial life _ 126
외계 행성 extraterrestrial planet _ 126
외합 superior conjunction _ 96
외행성 superior planet _ 96
원심력 centrifugal force _ 150
원일점 aphelion _ 149
월식 lunar eclipse _ 92
위도 latitude _ 12
윤년 leap year _ 95

은하 galaxy _ 122
은하수 the Milky Way _ 124
음력 lunar calendar _ 94
인공위성 artificial satellite _ 154
일식 solar eclipse _ 90
일주운동 diurnal motion _ 28, 30, 32, 34, 36

* ㅈ *

자오선 meridian _ 22
자유 낙하 free fall _ 145
적경 right ascension _ 58
적도 좌표계 equatorial coordinate system _ 58
적위 declination _ 58
중력 gravitation _ 144
중력 가속도 gravitational acceleration _ 144
중력 상수 gravitational constant _ 142
지극성 Pointers _ 17
지평선 horizon _ 10
지평 좌표계 horizontal coordinate system _ 13

* ㅊ *

천구의 남극 south celestial pole _ 14
천구의 북극 north celestial pole _ 14, 17
천구의 적도 celestial equator _ 14
천문단위 astronomical unit _ 96
천왕성 Uranus _ 99
천정 zenith _ 10
천정 거리 zenith distance _ 13
초승달 waxing crescent moon _ 80
최대이각 greatest elongation _ 100
추분 autumnal equinox _ 51
추분점 autumnal equinox point _ 52

춘분 vernal equinox _ 51
춘분점 vernal equinox point _ 52
충 opposition _ 98

* ㅌ *

탈출속도 escape velocity _ 156
태양일 solar day _ 40
토성 Saturn _ 99, 131

* ㅍ *

평년 ordinary year _ 95
플라네타륨 planetarium _ 130

* ㅎ *

하지 summer solstice _ 50
하지점 summer solstice point _ 52
하현달 third quarter moon _ 80
합 conjunction _ 96
항성일 sidereal day _ 40
항성월 sidereal month _ 94
해왕성 Neptune _ 99
행성의 운동법칙 law of planetary motion _ 148
화성 Mars _ 99, 108
황도 ecliptic _ 52
황도 12궁 signs of the zodiac _ 57
회합 주기 synodic period _ 98
흑점 sunspot _ 69

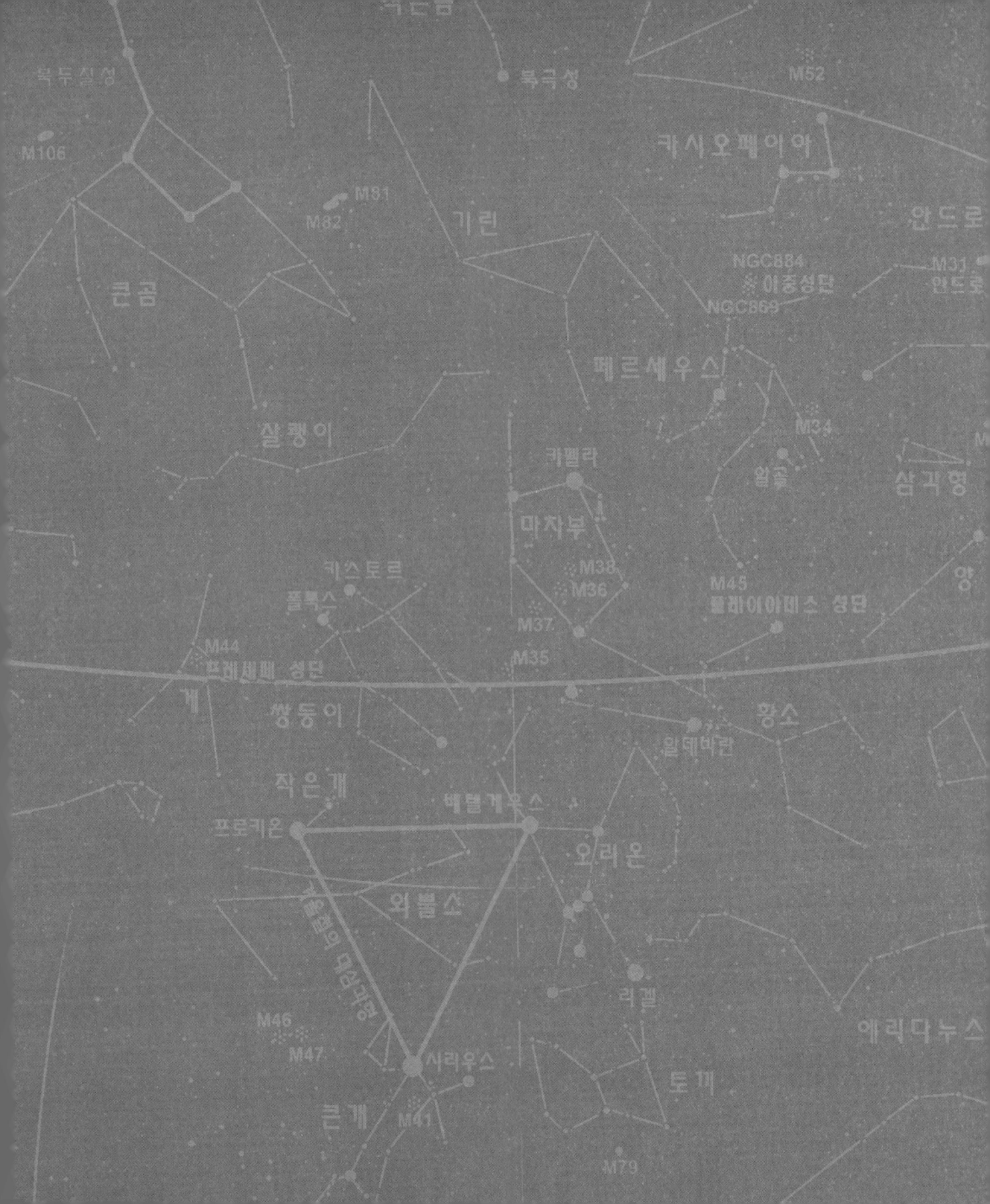